新应用·真实战·全案例 信息技术应用新形态立体化丛书

办公自动化

实用教程

U0160649

主编 汪玉兰 伍延斌

副主编 韦祥 黄长远

微课版

人民邮电出版社

北 京

图书在版编目（CIP）数据

办公自动化实用教程 : 微课版 / 汪玉兰，伍延斌主编. -- 北京 : 人民邮电出版社，2021.8（2024.1重印）
（新应用·真实战·全案例：信息技术应用新形态立体化丛书）
ISBN 978-7-115-55969-2

Ⅰ. ①办… Ⅱ. ①汪… ②伍… Ⅲ. ①办公自动化－应用软件－教材 Ⅳ. ①TP317.1

中国版本图书馆CIP数据核字(2021)第021267号

内 容 提 要

本书主要讲解办公自动化技术的相关知识，内容包括办公自动化技术基础，Word 2016 文档创建与格式设置，Word 2016 文档编辑与美化，Word 2016 文档排版、审阅与打印，Excel 2016 表格创建与编辑，Excel 2016 表格数据处理与分析，PowerPoint 2016 演示文稿创建与编辑，常用办公工具软件的使用，移动智能办公软件的使用，办公设备的使用等知识。本书最后还提供了综合案例和项目实训，读者可通过综合案例巩固所学知识，通过项目实训强化办公自动化的相关技能。

本书可作为普通高等院校办公自动化相关课程的教材，也可作为办公人员提高办公技能的参考书，同时也适合作为全国计算机等级考试的参考书。

◆ 主　　编　汪玉兰　伍延斌
　　副 主 编　韦　祥　黄长远
　　责任编辑　许金霞
　　责任印制　王　郁　马振武

◆ 人民邮电出版社出版发行　北京市丰台区成寿寺路 11 号
　　邮编　100164　电子邮件　315@ptpress.com.cn
　　网址　https://www.ptpress.com.cn
　　固安县铭成印刷有限公司印刷

◆ 开本：787×1092　1/16
　　印张：15.25　　　　　　　　　　2021 年 8 月第 1 版
　　字数：487 千字　　　　　　　2024 年 1 月河北第 5 次印刷

定价：59.80 元

读者服务热线：(010)81055256　印装质量热线：(010)81055316
反盗版热线：(010)81055315
广告经营许可证：京东市监广登字 20170147 号

前 言
PREFACE

随着企业信息化的快速发展，办公自动化技术已经广泛应用于企业日常办公之中。例如，使用 Word 进行文本编辑，编制工作计划、业绩报告等文档；使用 Excel 进行数据的录入和管理，制作产品价格清单、销售汇总表等电子表格；使用 PowerPoint 进行幻灯片的制作和美化，制作产品调查报告、策划方案等演示文稿；使用办公自动化的各项技术进行日常办公事务的处理等。

办公自动化在提高企业的办公质量和办公效率、提升领导者的管理水平及推动企业信息化建设等方面起着举足轻重的作用，已成为从事企业人事管理、财务管理、企业招聘、营销策划等工作的人员必备的一项重要技能。

■ 本书特点

本书立足于高校教学，与市场上的同类图书相比，本书在内容的安排与写作上具有以下特点。

1. 结构鲜明，实用性强

本书兼顾高校教学与全国计算机等级考试的需求，结合全国计算机等级考试 MS Office 的考试大纲要求，各章以"理论知识＋课堂案例＋强化训练＋知识拓展＋课后练习"的架构详细介绍了 Office 2016 办公软件及其他工具软件的操作方法与技巧，讲解从浅到深、循序渐进，通过实际案例将理论与实践相结合，从而提高读者的实际操作能力。此外，本书还穿插有"知识补充"和"技巧秒杀"小栏目，使内容更加丰富。本书不仅满足办公自动化相关课程的教学需求，还满足企业对员工办公自动化应用能力的要求。

2. 案例丰富，实操性强

本书将理论知识与实际操作紧密结合，围绕办公自动化技术展开全面介绍，突出实用性及可操作性，对重点概念和操作技能也进行了详细的讲解与训练。同时，各章章末还设置了强化训练、课后练习，不仅丰富了教学内容与教学方法，还给读者提供了更多练习和进步的机会。

3. 项目实训，巩固所学

本书最后一章为项目实训，以企业实际的办公需求为主，提供了专业的实训项目。每个实训项目都包括实训目的、实训思路、实训参考效果，有助于读者加强对办公软件操作技能的训练，巩固所学知识。

■ 本书配套资源

本书配有丰富多样的教学资源，具体内容如下。

视频演示： 本书所有实例操作的视频演示均以二维码的形式提供给读者，读者只需扫描书中的二维码，即可观看视频进行学习，有助于提高学习效率。

实操案例

微课视频

素材、效果和模板文件： 本书不仅提供了实例操作所需的素材、效果文件，还附赠企业日常管理常用的 Word 文档模板、Excel 电子表格模板、PowerPoint 幻灯片模板以及作者精心收集整理的 Office 精美素材。

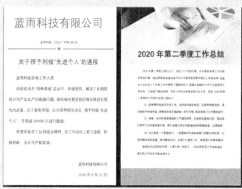

效果文件

模板文件

以上配套资源中的素材、效果文件、模板文件以及其他相关资料，读者可登录人邮教育社区（www.ryjiaoyu.com），搜索本书书名后进行下载使用。

本书由汪玉兰、伍延斌担任主编，韦祥、黄长远担任副主编。书中疏漏之处在所难免，望广大读者批评指正。

编者

2020 年 10 月

CONTENTS 目 录

第 1 部分

第 2 部分

第 3 部分

第 9 章

移动智能办公软件的使用.......180

第 10 章

办公设备的使用 201

第4部分

第11章

综合案例——制作产品营销策划方案..................................212

第12章

项目实训..........................230

第1部分

第1章

办公自动化技术基础

/ 本章导读

科学技术和互联网技术的发展，逐渐实现了办公的科学化、自动化。用户掌握了办公自动化技术就可以最大限度地实现工作的自动化、提高办公效率、改进办公质量。本章将对办公自动化技术的基础知识进行讲解，包括办公自动化的概念、办公自动化的技术支持、办公自动化的系统搭建。通过学习，读者能够掌握基本的办公自动化知识。

/ 技能目标

了解办公自动化的概念。

熟悉办公自动化的技术支持。

掌握办公自动化的系统搭建方法。

/ 案例展示

1.1 办公自动化的概念

办公自动化（Office Automation，OA）也称为无纸办公，它是一种将现代化办公和计算机网络功能结合起来的新型办公方式，也是信息化社会的必然产物。办公自动化具有以下4个方面的特点。

- **集成化：** 软硬件及网络的集成、人与系统的集成、单一办公系统同社会公众信息系统的集成组成了"无缝集成"的开放式OA系统。
- **智能化：** 面向日常事务处理，能辅助人们完成智能性劳动，如汉字识别、辅助决策等。
- **多媒体化：** 包括对数字、文字、图像、声音和动画的综合处理。
- **运用电子数据交换（Electronic Data Interchange，EDI）：** 指通过电子方式，采用标准化的格式，利用计算机网络在计算机间进行交换和自动化处理。

办公中会有大量的文件处理业务，如公文、表格和演示文稿的制作与管理等。办公自动化使这些独立的办公职能一体化，从而不仅提高了办公效率，也让用户获得了更大的效益，创造了无纸化办公的环境。

1.2 办公自动化的技术支持

办公自动化离不开各种技术的支持，其中网络通信技术、计算机技术、人工智能、大数据、云计算等是目前办公自动化较为倚重的技术，下面分别对这些技术进行介绍。

1.2.1 网络通信技术

网络通信技术（Network Communication Technology，NCT）是指通过计算机和网络通信设备对图形和文字等形式的资料进行采集、存储、处理和传输等，使信息资源达到充分共享的技术。简单地说，网络通信技术就是借助网络设备对各种信息进行搜集、处理，并实现信息的实时共享。网络通信技术主要包括3个层次，分别是物理网、支撑网和业务网。

- **物理网：** 物理网是网络通信的基础，主要由用户终端、交换系统、传输系统等通信设备组成，它是一种实体结构，也称装备网。其中，用户终端是外围设备，如电话终端、计算机终端、传真终端、多媒体终端等，用于将用户发送的信息转变为电磁信号并传入通信网络传送，或将从通信网络中接收到的电磁信号转变为用户可识别的信息。交换系统是信息的集散中心，用于实现信息的交换。传输系统用于进行信息的传递，它可以将用户终端与交换系统，以及多个交换系统连接起来，形成网络。
- **支撑网：** 支撑网是为保证业务网正常运行、增强网络功能、提高全网服务质量而形成的网络。支撑网传递的是相应的控制、监测及信令等信号。支撑网有3种不同的功能，分别是为公共信道信令系统的使用者传送信令的信令网、为通信网内所有通信设备的时钟（或载波）提供同步控制信号的同步网、为保持通信网正常运行和服务建立的软硬件系统（即管理网）。
- **业务网：** 业务网是构成网络通信的重要服务功能，是疏通电话、电报、传真、数据、图像等各类通信业务的网络。业务网具有等级结构，可以在业务中设立不同层次的交换中心，并根据业务流量、流向、技术及经济分析，在交换机间以一定的方式相互连接，从而容纳多层次的业务。

在当今环境下，信息技术与网络技术飞速发展，网络通信技术也逐渐变化，目前较为重要的网络通信技术是第5代移动通信技术（5th generation mobile networks或5th generation wireless systems，5G），它是新一代的蜂窝移动通信技术。

随着移动通信系统带宽和能力的提升，移动网络的速率也从2G时代的10Kbit/s发展到4G时代的1Gbit/s。5G不同于传统的几代移动通信技术，它不仅是一个拥有更高速率、更大带宽、更强能力的技术，而且是一个多业务、多技术融合的网络，更是一个面向业务应用和用户体验的智能网络，最终打造出一个以用户为中心的信息生态系统。5G具有超高速率、超大连接、超低时延3个特点。

- **超高速率：** 与4G网络相比，5G网络的传输速率可达10Gbit/s，比4G网络高出10~100倍。这表示手机用户可以在不到1秒的时间内下载完成一部高清电影。
- **超大连接：** 除了智能手机、平板电脑外，智能手表、健身腕带、智能家庭设备等装备也能通过5G进行互连，形成一个完整的互联网络。
- **超低时延：** 5G网络可以根据不同的服务要求，将运营商的物理网络划分为多个虚拟网络，以灵活应对不同网络应用场景，减少时延问题，提升网络的安全性和可靠性。

5G的发展不仅使通信更加便捷，同时也促进了大数据、云计算、人工智能、物联网等的发展，形成了一个共同发展的生态圈，为办公自动化技术提供了更有利的条件。

1.2.2 计算机技术

计算机的出现使人类迅速步入信息社会。计算机既是一门科学，也是一种能够按照指令，对各种数据和信息进行自动加工和处理的电子设备。办公自动化离不开计算机，计算机技术是办公自动化技术的核心之一，在众多计算机技术中，字符编码技术和多媒体信息技术是信息存储、传递和分享的常见技术。

1. 字符编码技术

编码就是利用计算机中的0和1两个代码的不同长度表示不同信息的一种约定方式。由于计算机是以二进制代码的形式存储和处理数据的，因此只能识别二进制编码信息。数字、字母、符号、汉字、语音和图形等非数值信息都要用特定规则进行二进制编码才能进入计算机。西文字符与汉字由于形式不同，使用的编码也不同。

（1）西文字符的编码

计算机对西文字符进行编码，通常采用ASCII和Unicode两种编码。

- **ASCII：** 美国信息交换标准代码（American Standard Code for Information Interchange，ASCⅡ）是基于拉丁字母的一套编码系统，主要用于显示现代英语和其他西欧语言，它被国际标准化组织指定为国际标准（ISO 646标准）。标准ASCII使用7位二进制数来表示所有的大写和小写字母、数字0~9、标点符号，以及在美式英语中使用的特殊控制字符，共有128个不同的编码值，可以表示128个不同字符的编码。其中，低4位编码$b_3b_2b_1b_0$用作行编码，高3位编码$b_6b_5b_4$用作列编码。128个不同字符的编码中，95个编码对应计算机键盘上的符号或其他可显示或打印的字符，另外33个编码被用作控制码，用于控制计算机某些外部设备的工作特性和某些计算机软件的运行情况。例如，字母A的编码为二进制数1000001，对应十进制数65或十六进制数41。
- **Unicode：** Unicode也是一种国际标准编码，采用两个字节编码，能够表示世界上所有的书写语言中可能用于计算机通信的文字和其他符号。目前，Unicode在网络、Windows操作系统和大型软件中得到应用。

（2）汉字的编码

在计算机中，汉字信息的传播和交换必须通过统一的编码，才不会造成混乱和差错。因此，计算机中处理的汉字是包含在国家或国际组织制定的汉字字符集中的汉字，常用的汉字字符集包括GB 2312、GB 18030、GBK和CJK编码等。为了使每个汉字有一个统一的代码，我国颁布了汉字编码的国家标准，即GB 2312—1980：《信息交换用汉字编码字符集》。这个字符集是目前国内所有汉字系统的统一标准。

汉字的编码方式主要有以下4种。

- **输入码：** 输入码也称外码，是为了将汉字输入计算机而设计的代码，包括音码、形码和音形码等。
- **区位码：** 将《信息交换用汉字编码字符集》收录的汉字放置在一个94行（每一行称为"区"）、94列（每一列称为"位"）的方阵中，将万阵中的每个汉字对应的区号和位号组合起来就得到了该汉字的区位码。区位码用4位数字编码，前两位叫作区码，后两位叫作位码，如汉字"中"的区位码为5448。

- **国标码：** 国标码采用两个字节表示一个汉字，将汉字区位码中的十进制区号和位号分别转换成十六进制数，再分别加上20H，就可以得到该汉字的国标码。例如，"中"字的区位码为5448，区码54对应的十六进制数为36，加上20H，即为56H；而位码48对应的十六进制数为30，加上20H，即为50H。所以"中"字的国标码为5650H。

- **机内码：** 在计算机内部进行存储与处理所使用的代码称为机内码。对汉字系统来说，汉字机内码规定在汉字国标码的基础上，每字节的最高位置为1，每字节的低7位为汉字信息。将国标码的两字节编码分别加上80H（即10000000B），便可以得到机内码，如汉字"中"的机内码为D6D0H。

2. 多媒体信息技术

多媒体（Multimedia）由单媒体复合而成，融合了两种或两种以上的人机交互式信息交流和传播媒体。多媒体不仅指文本、图形、图像、视频、音频和动画这些媒体信息本身，还包含处理和应用这些媒体信息的一整套技术，即多媒体信息技术。多媒体信息技术是指能够同时获取、处理、编辑、存储和演示两种及两种以上不同类型的媒体信息的媒体技术。多媒体信息技术主要具有以下5个特点。

- **多样性：** 多媒体信息技术的多样性是指信息载体的多样性，计算机能处理的信息从最初的数值、文字、图形已扩展到音频和视频等多种形式的信息。

- **集成性：** 多媒体信息技术的集成性是指以计算机为中心综合处理多种信息媒体，使其集文字、图形、图像、音频和视频于一体。此外，多媒体处理工具和设备的集成性能够为多媒体系统的开发与实现建立理想的集成环境。

- **交互性：** 多媒体信息技术的交互性是指用户可以与计算机进行交互操作，并提供多种交互控制功能，使用户在获取信息的同时，将信息的使用行为从被动变为主动，改善人机操作界面。

- **实时性：** 多媒体信息技术的实时性是指多媒体信息技术需要同时处理声音、文字和图像等多种信息，其中声音和视频还要求实时处理。因而计算机应具有能够对多媒体信息进行实时处理的软硬件环境的支持。

- **协同性：** 多媒体信息技术的协同性是指多媒体中的每一种媒体信息都有其自身的特性，因此各媒体信息之间必须有机配合并协调一致。

要实现多媒体信息的传输，需要了解并掌握其中的关键技术，包括数据压缩技术、数字图像技术、数字音频技术、数字视频技术、多媒体专用芯片技术等，下面分别进行介绍。

（1）数据压缩技术

彩色图像、数字视频、音频信号等的数据量非常庞大，如果不对其进行压缩将很难通过网络通信技术进行传输。数据压缩技术就是用最少的数码来表示信号的技术，它可以对数据进行有效压缩，实现信息的快速传输。

数据压缩的方式一般来说可以分为无损压缩和有损压缩。无损压缩是指将压缩后的数据进行解压缩后，得到的数据与原始数据完全相同，如常见的".rar"和".zip"格式的压缩文件一般都采用无损压缩。有损压缩是指将压缩后的数据进行解压缩后，得到的数据与原始数据有所不同，但并不影响我们对原始资料表达的信息的理解。例如，视频和音频文件的压缩大多采用有损压缩，这是因为其中包含的一些数据往往超过我们的视觉系统和听觉系统能接收的范围，损失一些信息也不至于使我们对声音或者图像表达的意思产生误解，却可以大幅提高压缩比。

（2）数字图像技术

在图像、文字、声音这3种形式的媒体中，图像包含的信息量是最大的。数字图像技术也即数字图像处理技术。

数字图像处理的过程包括输入、处理、输出。输入即图像的采集和数字化，就是对模拟图像信号进行抽样和量化处理后得到数字图像信号，并将其存储到计算机中以待进一步处理。处理是按一定的要求对数字图像进行如滤波、锐化、复原、重现、矫正等一系列处理，以提取图像中的主要信息。输出则是将处理后的数字图像通过显示或打印等方式表现出来。

（3）数字音频技术

多媒体信息技术中的数字音频技术包括声音采集及回放技术、声音识别技术、声音合成技术，这3个技术都是通过计算机的硬件，即"声卡"实现的。声卡具有将模拟的声音信号数字化的功能。而数字声音处理、声音识别、声音合成则是通过计算机软件来实现的。

（4）数字视频技术

数字视频技术与数字音频技术相似，只是视频的带宽为6MHz，大于音频的带宽（20kHz）。数字视频技术一般包括视频采集及回放、视频编辑、三维动画视频制作。视频采集及回放与音频采集及回放类似，需要图像采集卡和相应软件的支持。

（5）多媒体专用芯片技术

专用芯片是多媒体计算机硬件体系结构的关键。为了实现音频和视频信号的快速压缩、解压缩和播放，需要大量的快速计算，只有采用专用芯片，才能取得满意的效果。多媒体专用芯片可归纳为两种类型：一种是固定功能的芯片，另一种是可编程的数字信号处理器（Digital Signal Processor，DSP）芯片。

知识补充

常见的多媒体文件格式

在计算机中，利用多媒体技术可以将声音、文字和图像等多种媒体信息进行综合式交互处理，并以不同的媒体文件格式存储。常见的多媒体文件格式如下。

- **声音文件格式**：在多媒体系统中，语音和音乐是十分常见的，存储声音信息的文件格式有多种，包括WAV、MIDI、MP3、RM、Audio和VOC等。
- **图像文件格式**：图像包括静态图像和动态图像，常见的静态图像文件格式有JPG、PNG、TIFF、RAW、BMP、GIF等，动态图像文件格式有AVI、MPG等。
- **视频文件格式**：视频文件一般比其他媒体文件要大一些，占用的存储空间较多；常见的视频文件格式有AVI、MOV、MPEG、ASF、WMV等。

1.2.3 人工智能

人工智能（Artificial Intelligence，AI）也叫作机器智能，是指由人工制造的系统表现出来的智能，可以概括为研究智能程序的一门科学。人工智能研究的主要目标在于研究用机器来模仿和执行人脑的某些智力功能，探究相关理论和研发相应技术，如判断、推理、识别、感知、理解、思考、规划、学习等思维活动。人工智能技术已经渗透到人们日常生活的各个方面，如Windows 10操作系统的Cortana、百度的度秘、苹果的Siri等智能助理和智能聊天类应用，就是常见的人工智能应用。甚至一些简单的、带有固定模式的资讯类新闻，也是由人工智能来完成的。

随着科学的不断发展，人工智能在很多领域都得到了不同程度的应用，如在线客服、自动驾驶、智慧生活、智慧医疗等，下面进行简单介绍。

1. 在线客服

在线客服是一种以网站为媒介进行即时沟通的通信技术，主要以聊天机器人的形式自动与消费者沟通，并及时解决消费者的一些问题。聊天机器人必须善于理解自然语言，懂得语言传达的意义，因此，这项技术十分依赖自然语言处理技术。一旦这些机器人能够理解不同的语言表达方式包含的实际目的，那么很大程度上它们就可以代替人工客服了。

2. 自动驾驶

自动驾驶是现在逐渐发展成熟的一项智能应用。自动驾驶一旦实现，将会有以下改变。

- 汽车本身的形态会发生变化。自动驾驶的汽车不需要司机和方向盘，其形态设计可能会发生较大的变化。
- 未来的道路将发生改变。未来的道路会按照自动驾驶汽车的要求重新进行设计，专用于自动驾驶的车道可能变得更窄，交通信号可以更容易被自动驾驶汽车识别。

● 完全意义上的共享汽车将成为现实。大多数的汽车可以用共享经济的模式，随叫随到。因为不需要司机，这些车辆可以保证24h随时待命，可以在任何时间、任何地点提供高质量的租用服务。

3. 智慧生活

目前的机器翻译已经可以做到基本表达原文语意，不影响理解与沟通。假以时日，不断提高翻译准确度的人工智能系统，很有可能像下围棋的Alpha Go那样悄然越过业余译员和职业译员之间的技术鸿沟，成为"翻译大师"。

到那时，不只是手机会和人进行智能对话，每个家庭里的每一件智能家用电器，都会拥有足够强大的对话功能，为人们提供更加方便的服务。

4. 智慧医疗

智慧医疗简称WIT120，是最近兴起的专有医疗名词，通过打造健康档案区域医疗信息平台，利用先进的物联网技术，实现患者与医务人员、医疗机构、医疗设备之间的互动，从而逐步达到信息化。

大数据和基于大数据的人工智能，为医生辅助诊断疾病提供了很好的支持。将来医疗行业将融入更多的人工智能、传感技术等高科技技术，使医疗服务走向真正意义的智能化。在AI的帮助下，我们看到的不会是医生失业，而是同样数量的医生可以服务几倍、数十倍甚至更多的人群。

知识补充

人工智能的级别

人工智能可以分为弱人工智能、强人工智能、超人工智能3个级别。弱人工智能应用非常广泛，如手机的自动拦截骚扰电话、邮箱的自动过滤等。强人工智能和弱人工智能的区别在于，强人工智能有自己的思考方式，能够进行推理、制订并执行计划，并且拥有一定的学习能力，能够在实践中不断进步。超人工智能指在几乎所有领域都比人类大脑聪明的人工智能，包括科学创新、通识和社交技能等。

1.2.4 | 大数据

数据是指存储在某种介质中包含信息的物理符号。在电子网络时代，随着人们生产数据的能力和数量的飞速提升，大数据应运而生。大数据是指无法在一定时间范围内用常规软件工具进行捕捉、管理、处理的数据集合，而要想从这些数据集合中获取有用的信息，就需要对大数据进行分析。这不仅需要采用集群的方法获取强大的数据分析能力，还需对面向大数据的新数据分析算法进行深入的研究。

针对大数据进行分析的大数据技术，是指为了传送、存储、分析和应用大数据而采用的软件和硬件技术，也可将其看作面向数据的高性能计算系统。就技术层面而言，大数据必须依托分布式架构来对海量的数据进行分布式挖掘，必须利用云计算的分布式处理、分布式数据库、云存储和虚拟化技术，因此，大数据与云计算是密不可分的。

1. 数据的计量单位

在研究和应用大数据时，经常会接触数据的计量单位，而随着大数据的产生，数据的计量单位也在逐步发生变化。MB、GB等常用单位已无法有效地描述大数据，典型的大数据一般会用到PB、EB和ZB这3种单位。常用的数据单位及其之间的换算如下所示。

1024B=1KB　　　　十字节（KiloByte）

1024KB=1MB　　　　兆字节（MegaByte）

1024MB=1GB　　　　吉字节（GigaByte）

1024GB=1TB　　　　太字节（TeraByte）

1024TB=1PB	拍字节（PetaByte）
1024PB=1EB	艾字节（ExaByte）
1024EB=1ZB	泽字节（ZettaByte）
1024ZB=1YB	尧字节（YottaByte）

2. 大数据处理的基本流程

在处理大数据的过程中，通常需要经过采集、导入、预处理、统计分析、数据挖掘和数据展现等步骤。在合适的工具辅助下，对不同类型的数据源进行融合、取样和分析，按照一定的标准统一存储数据，并通过去噪等数据分析技术对其进行降维处理，然后进行分类或群集，最后抽取信息，选择可视化认证等方式将结果展示给终端用户。大数据处理的基本流程如图1-1所示。

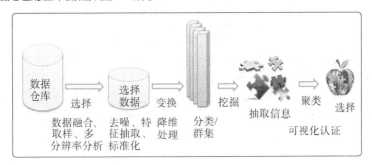

图1-1　大数据处理的基本流程

（1）数据抽取与集成

数据抽取与集成是大数据处理的第一步，从抽取数据中提取关系和实体，经过关联和聚合等操作，按照统一定义的格式对数据进行存储。例如，基于物化或数据仓库技术方法的引擎（Materialization or ETL Engine）、基于联邦数据库或中间件方法的引擎（Federation Engine or Mediator）和基于数据流方法的引擎（Stream Engine）均是现有主流的数据抽取和集成的方式。

（2）数据分析

数据分析是大数据处理的核心步骤，在决策支持、商业智能、推荐系统、预测系统中应用广泛。数据分析是指在从异构的数据库中获取了原始数据后，将数据导入一个集中的大型分布式数据库或分布式存储集群，进行一些基本的预处理工作，然后根据自己的需求对原始数据进行分析，如数据挖掘、机器学习、数据统计等。

（3）数据解释和展现

在完成数据的分析后，应该使用合适的、便于理解的展示方式将正确的数据处理结果展示给终端用户，可视化和人机交互是数据解释和展现的主要技术。

3. 大数据的典型应用

大数据的典型应用主要表现在以下3个方面。

● **高能物理**：高能物理是一个与大数据联系十分紧密的学科。科学家往往要从大量的数据中发现一些小概率的粒子事件，如比较典型的离线处理方式，由探测器组负责在实验时获取数据，而最新的大型强子对撞机（Large Hadron Collider，LHC）实验每年采集的数据高达15PB。高能物理中的数据不仅十分海量，而且没有关联性，要从海量数据中提取有用的事件，就须使用并行计算技术对各个数据文件进行较为独立的分析处理。

● **推荐系统**：推荐系统可以通过电子商务网站向用户提供商品信息和建议，如商品推荐、新闻推荐、视频推荐等，而实现推荐过程则需要依赖大数据。用户在访问网站时，网站会记录和分析用户的行为并建立模型，将该模型与数据库中的产品进行匹配后，才能完成推荐过程。为了实现这个推荐过程，需要存储海量的用户访问信息，并基于大量数据的分析，推荐出与用户行为相符合的内容。

● **搜索引擎系统：**搜索引擎是非常常见的大数据系统，为了有效地完成互联网上数量巨大的信息的搜集、分类和处理工作，搜索引擎系统大多基于集群架构，搜索引擎的发展历程为大数据研究积累了宝贵的经验。

1.2.5 云计算

云计算是硬件技术和网络技术发展到一定阶段出现的新的技术模型，是对实现云计算模式所需的所有技术的总称。分布式计算技术、虚拟化技术、网络技术、服务器技术、数据中心技术、云计算平台技术、分布式存储技术等都属于云计算技术的范畴，同时云计算技术也包括新出现的Hadoop、HPCC、Storm、Spark等技术。云计算意味着计算能力也可作为一种商品通过互联网进行流通。

1. 云计算的特点

传统计算模式向云计算模式的转变如同单台发电模式向集中供电模式的转变。云计算是将计算任务分布在由大量计算机构成的资源池中，使用户能够按需获取计算力、存储空间和信息服务。与传统的资源提供方式相比，云计算主要具有以下7个特点。

● **超大规模：**"云"具有超大的规模，Google云计算已经拥有100多万台服务器，Amazon、IBM、微软等的"云"均拥有几十万台服务器。"云"能赋予用户前所未有的计算能力。

● **高可扩展性：**云计算是一种资源低效的分散使用到资源高效的集约化使用。分散在不同计算机上的资源，其利用率非常低，通常会造成资源的极大浪费，而将资源集中起来后，资源的利用效率会大大地提升。资源的集中化和资源需求的不断提高，也对资源池的可扩张性提出了要求，因此云计算系统只有具备优秀的资源扩张能力才能方便新资源的加入，以有效地应对不断增长的资源需求。

● **按需服务：**对于用户而言，云计算系统最大的好处是可以适应自身对资源不断变化的需求，云计算系统按需向用户提供资源，用户只需为自己实际消费的资源量付费，而不必自己购买和维护大量固定的硬件资源。这不仅为用户节约了成本，还可促使应用软件的开发者创造出更多有趣和实用的应用。同时，按需服务让用户在服务选择上具有更大的空间，通过支付不同的费用来获取不同层次的服务。

● **虚拟化：**云计算技术利用软件来实现硬件资源的虚拟化管理、调度及应用，支持用户在任意位置使用各种终端获取应用服务。通过"云"这个庞大的资源池，用户可以方便地使用网络资源、计算资源、数据库资源、硬件资源、存储资源等，这大大降低了维护成本，提高了资源的利用率。

● **通用性：**云计算不针对特定的应用，在"云"的支撑下可以构造出千变万化的应用，同一个"云"可以同时支撑不同的应用运行。

● **高可靠性：**在云计算技术中，用户数据存储在服务器端，应用程序在服务器端运行，计算由服务器端处理，数据被复制到多个服务器节点上。因此当某一个节点任务失败时，即可在该节点进行终止，再启动另一个程序或节点，保证应用和计算的正常进行。

● **低成本：**"云"的自动化集中式管理使大量企业无须负担日益高昂的数据中心管理成本，"云"的通用性使资源的利用率较传统系统大幅提升，因此用户可以充分享受"云"的低成本优势。

2. 云计算的应用

随着云计算技术产品、解决方案的不断成熟，云计算的应用领域也在不断扩展，衍生出了云安全、云存储、云游戏、云医疗、云社交、云教育、云会议等各种云计算应用，对医药医疗领域、制造领域、金融与能源领域、电子政务领域、教育科研领域的影响巨大，为电子邮箱、数据存储、虚拟办公等方面也提供了非常大的便利。下面介绍几种常用的云计算应用。

（1）云安全

云安全是云计算技术的重要分支，在反病毒领域获得了广泛应用。云安全技术可以通过网状的大量客户端对网络中软件的异常行为进行监测，获取互联网中木马和恶意程序的最新信息，自动分析和处理信息，并将解决方案发送到每一个客户端。

第1部分

云安全融合了并行处理、网格计算、未知病毒行为判断等新兴技术和概念，理论上可以把病毒的传播范围控制在一定区域内，且整个云安全网络对病毒的上报和查杀速度非常快，在反病毒领域中意义重大，但所涉及的安全问题也非常广泛。对最终用户而言，云安全技术在用户身份安全、共享业务安全和用户数据安全等方面的问题需要格外关注。

- **用户身份安全：** 用户登录到云端使用应用与服务，系统在确保使用者身份合法之后才为其提供服务，如果非法用户取得了用户身份，则会对合法用户的数据和业务产生危害。
- **共享业务安全：** 云计算通过虚拟化技术实现资源共享调用，可以提高资源的利用率，但同时共享也会带来安全问题。云计算不仅需要保证用户资源间的隔离，还要对虚拟机、虚拟交换机、虚拟存储等虚拟对象提供安全保护策略。
- **用户数据安全：** 数据安全问题包括数据丢失、泄露、篡改等，因此必须对数据采取复制、存储加密等有效的保护措施，确保数据的安全。此外，账户、服务和通信劫持，不安全的应用程序接口，操作错误等问题也会对云安全造成隐患。

云安全系统的建立并非轻而易举，要想保证系统正常运行，不仅需要海量的客户端、专业的反病毒技术和经验、大量的资金和技术投入，还必须提供开放的系统，让大量合作伙伴加入。

（2）云存储

云存储是一种新兴的网络存储技术，可将资源放到"云上"供用户存取。云存储通过集群应用、网络技术或分布式文件系统等功能将网络中大量不同类型的存储设备集合起来协同工作，共同对外提供数据存储和业务访问功能。通过云存储，用户可以在任何时间、任何地点，将任何可联网的装置连接到"云上"存取数据。云盘也是一种以云计算为基础的网络存储技术，目前，各大互联网企业也在陆续开发自己的云盘，如百度网盘等。

在使用云存储功能时，用户只需要为实际使用的存储容量付费，不用额外安装物理存储设备，这减少了IT和托管成本。同时，存储维护工作转移至服务提供商，在人力、物力上也降低了成本。但云存储也反映了一些可能存在的问题。例如，如果用户在云存储中保存重要数据，则数据安全可能存在潜在隐患，其可靠性和可用性取决于广域网（Wide Area Network，WAN）的可用性和服务提供商的预防措施等级。对于一些具有特定记录保留需求的用户，在选择云存储服务之前还需进一步了解和掌握云存储。

（3）云游戏

云游戏是一种以云计算技术为基础的在线游戏技术，云游戏模式中的所有游戏都在服务器端运行，并通过网络将渲染后的游戏画面压缩传送给用户。

云游戏技术主要包括云端完成游戏运行与画面渲染的云计算技术，以及玩家终端与云端间的流媒体传输技术。对游戏运营商而言，只需花费服务器升级的成本，而不需要不断投入巨额的新主机研发费用；对游戏用户而言，用户的游戏终端无须拥有强大的图形运算与数据处理能力等，只需拥有流媒体播放能力与获取玩家输入指令并发送给云端服务器的能力。

（4）云医疗

云医疗是建立在云计算、移动通信和移动互联网等新技术基础上的，结合医疗技术，使用云计算来创建医疗健康服务云平台，实现了医疗资源的共享和医疗范围的扩大，是满足广大人民群众日益增长的健康需求的一项全新的医疗服务。

（5）云社交

云社交是一种云计算和移动互联网等技术交互应用的虚拟社交应用模式。云社交需要运用云计算统一整合和评测大量的社会资源，构成一个有效的资源集合，按需向用户提供服务。

（6）云教育

云教育是指基于云计算商业模式应用的教育平台服务。云教育通过云计算将教育机构的教学、管理等教育资源整合成一个有效的资源集合，以实现共享教育资源、分享教育成果、加强教育者和受教育者的互动的目的。

（7）云会议

云会议是基于云计算技术的高效、便捷、低成本的视频会议形式。它是视频会议与云计算的完美结合，通过移动终端进行简单的操作，可以随时随地高效地召开和管理会议，会议中各种文件、视频等数据的同步、传输和处理等都由云计算支持。

1.3 办公自动化的系统搭建

计算机是办公自动化的重要设备，用户要想进行自动化办公，就需要了解计算机软硬件和操作系统的相关知识，并学会进行办公环境的设置，掌握文件和文件夹的基本操作，下面对这些知识进行详细介绍。

1.3.1 了解办公自动化软硬件

在办公自动化中，计算机的应用是最重要也是最广泛的，计算机是信息处理、存储与传输必不可少的设备。办公自动化设备由硬件和软件两大部分组成，下面分别进行介绍。

1. 办公自动化硬件

硬件即计算机和外部设备等实体，一个完整的办公自动化硬件系统由计算机主机、输入/输出设备、控制设备和各类功能卡等组成，在实际应用中常根据需要决定除计算机主机外的其他设备的取舍。常见的计算机硬件系统一般包括主机、电源、主板、CPU、硬盘、内存条、显示器、网卡、显卡、鼠标和键盘、音箱和耳机、光驱等，下面分别进行介绍。

- **主机：** 主机是计算机硬件的载体。计算机自身的重要部件都放置在主机内，如主板、硬盘和光驱等。质量较好的主机拥有良好的通风结构和合理的布局，这样不仅有利于硬件的放置，也有利于计算机散热，其外观如图1-2所示。
- **电源：** 电源是计算机的供电设备，为计算机中的其他硬件，如主板、光驱、硬盘等提供稳定的电压和电流，使硬件正常工作，其外观如图1-3所示。
- **主板：** 主板又称主机板、系统板或母板。主板上集成了各种电子元件和动力系统，包括基本输入输出系统（Basic Input Output System，BIOS）芯片、输入/输出（Input/Output，I/O）控制芯片和插槽等。主板的好坏决定着整个计算机的好坏，主板的性能影响着计算机工作的性能，其外观如图1-4所示。
- **CPU：** 中央处理器（Central Processing Unit，CPU）简称微处理器，是计算机的核心，负责处理、运算所有数据。CPU主要由运算器、控制器等构成，其外观如图1-5所示。
- **硬盘：** 硬盘是计算机重要的存储设备，能存放大量的数据，且存取数据的速度很快。硬盘主要有容量、转速、访问时间、传输速率和缓存等参数。计算机硬盘主要有机械硬盘和固态硬盘两种。机械硬盘即普通硬盘，固态硬盘的价格相对较贵，容量相对较小，图1-6所示为机械硬盘的外观。

图1-2 主机　　　图1-3 电源　　　　图1-4 主板　　　　图1-5 CPU　　图1-6 机械硬盘

- **内存条：** 内存条是CPU与其他硬件设备沟通的桥梁，用于临时存放数据和协调CPU的处理速度，其外观如图1-7所示。内存越大，计算机的处理能力就越强，速度也就越快。
- **显示器：** 显示器是计算机重要的输出设备，如今，办公时普遍使用液晶显示器。液晶显示器更加轻便，而且能有效地减少辐射，其外观如图1-8所示。

- **网卡：**网卡又称网络适配器，是网络和计算机之间接收和发送数据信息的设备。网卡分为独立网卡和集成网卡两种，集成网卡集成在主板上，不需要用户自己安装，独立网卡则需要单独购买安装，图1-9所示为独立网卡的外观。

- **显卡：**显卡又称显示适配器或图形加速卡，主要用于计算机中的图形与图像的处理和输出，数字信号经过显卡转换成模拟信号后显示器才能显示图像。显卡分为集成显卡、独立显卡、核芯显卡3种，集成显卡将显示芯片、显存及相关电路集成在主板上；独立显卡拥有单独的图形核心和独立的显存；核芯显卡将图形核心与处理核心整合在同一块基板上，构成一个完整的处理器。图1-10所示为核芯显卡的外观。

图1-7　内存条　　　　图1-8　液晶显示器　　　　图1-9　独立网卡　　　　图1-10　核芯显卡

- **鼠标和键盘：**鼠标和键盘是最基本的输入设备，通过它们用户可向计算机发出指令进行各种操作。鼠标和键盘的操作是计算机最基本的操作，其外观如图1-11所示。

- **音箱和耳机：**音箱和耳机是主要的声音输出设备，通过它们用户在操作计算机时才能听到声音，其外观如图1-12所示。

- **光驱：**光驱是光盘驱动器的简称，它可读取光盘中的信息，然后通过计算机将其读取的信息重现，其外观如图1-13所示。

图1-11　鼠标和键盘　　　　　　图1-12　音箱和耳机　　　　图1-13　光驱

2. 办公自动化软件

软件是指安装在计算机上的各种程序，根据功能的不同，可分为系统软件、工具软件和专业软件3种类别，下面分别进行介绍。

- **系统软件：**系统软件是其他软件的使用平台，其中最常用的是Windows操作系统，如Windows 7、Windows 8和Windows 10。计算机只有安装系统软件才能为其他软件提供使用平台。

- **工具软件：**工具软件的种类繁多，这类软件的特点是占用空间小、实用性强，如"美图秀秀"图像处理软件、"百度脑图"思维导图制作软件等。

- **专业软件：**专业软件是指在某一领域拥有强大功能的软件，这类软件的特点是专业性强、功能多，如Office 办公软件是多数办公用户首选的专业软件，Photoshop 图形图像处理软件是设计领域常用的专业软件。

1.3.2 | 了解 Windows 10 操作系统

从性能和界面美观性等方面考虑，Windows 10操作系统（以下简称"Windows 10"）是目前使用较多的操作系统，本书将对Windows 10进行介绍。

1. 认识Windows 10桌面

在计算机上安装Windows 10后，启动计算机便可进入Windows 10的桌面。由于Windows 10有7种不同的版本，其桌面样式也有所不同，下面将以Windows 10专业版为例来介绍其桌面组成。在默认情况下，Windows 10的桌面由桌面图标、鼠标指针和任务栏3个部分组成，如图1-14所示。

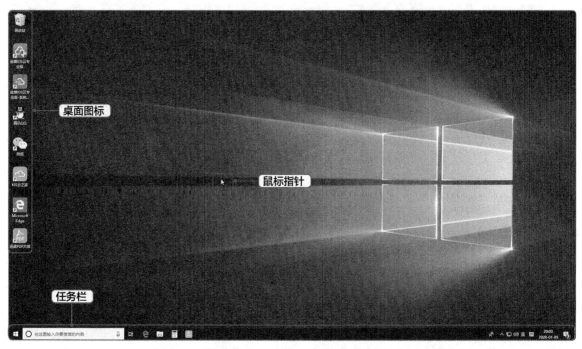

图1-14　Windows 10的桌面

- **桌面图标：** 桌面图标一般是程序或文件的快捷方式，程序或文件的快捷图标左下角有一个小箭头。安装新软件后，桌面上一般会增加相应的快捷图标，如"腾讯QQ"的快捷图标为 。默认情况下，桌面只有"回收站"一个系统图标。双击桌面上的某个快捷图标可以打开该图标对应的窗口。
- **鼠标指针：** 在Windows 10中，鼠标指针在不同的状态下有不同的形状，代表用户当前可进行的操作或系统当前的状态。
- **任务栏：** 任务栏默认情况下位于桌面的最下方，由"开始"按钮 、Cortana搜索框、"任务视图"按钮 、任务区、通知区域和"显示桌面"按钮6个部分组成。其中，Cortana搜索框、"任务视图"按钮是Windows 10的新增功能，在Cortana搜索框中单击，将打开搜索界面，用户在该界面中可以通过打字或语音输入的方式快速打开某一个应用，也可以实现聊天、看新闻、设置提醒等操作。

2. 认识Windows 10窗口

双击桌面上的"此电脑"图标 ，将打开"此电脑"窗口，如图1-15所示。这是一个典型的Windows 10窗口，包括标题栏、功能区、地址栏、搜索栏、导航窗格、窗口工作区、状态栏等组成部分，各个组成部分的作用介绍如下。

- **标题栏：** 位于窗口顶部，最左侧有一个用于控制窗口大小和关闭窗口的"文件资源管理器"按钮，按钮右侧为快速访问工具栏。通过该工具栏可以快速实现设置所选项目属性和新建文件夹等操作，最右侧分别是窗口"最小化"、窗口"最大化"和窗口"关闭"的按钮。
- **功能区：** 功能区是以选项卡的方式显示的，其中存放了各种操作命令，要执行功能区中的操作命令，只需选择对应的操作命令、单击对应的操作按钮即可。
- **地址栏：** 地址栏用来显示当前窗口文件在系统中的位置。其左侧包括"返回"按钮←、"前进"按钮→

和"上移"按钮↑，用于打开最近浏览过的窗口。

● **搜索栏**：搜索栏用于快速搜索计算机中的文件。

● **导航窗格**：单击导航窗格中的选项可快速切换或打开其他窗口。

● **窗口工作区**：窗口工作区用于显示当前窗口中存放的文件和文件夹内容。

● **状态栏**：状态栏用于显示当前窗口所包含项目的个数和项目的排列方式。

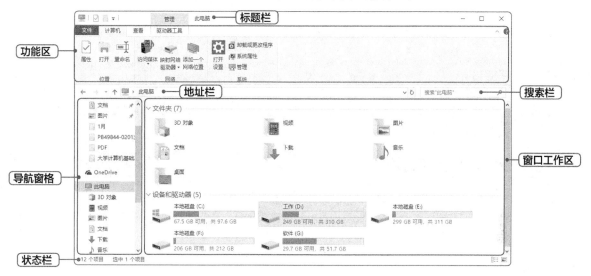

图1-15 "此电脑"窗口

3. 认识"开始"菜单

单击桌面任务栏左下角的"开始"按钮⊞，即可打开"开始"菜单，计算机中的大部分应用都可通过"开始"菜单启动。"开始"菜单是操作计算机的重要门户，即使是桌面上没有显示的文件或程序，也可以通过"开始"菜单找到并启动。"开始"菜单的主要组成部分如图1-16所示。其中各个部分的作用如下。

图1-16 "开始"菜单

- **高频使用区：**根据用户使用程序的频率，Windows 10会自动将使用频率较高的程序显示在该区域中，以便用户快速地启动所需程序。
- **所有程序区：**显示计算机中已安装的所有程序的启动图标或程序文件夹，选择相应选项即可启动相应的程序。
- **账户设置：**单击"账户"图标 ，可以在打开的列表中进行账户注销、账户锁定和更改账户设置3种操作。
- **文件资源管理器：**主要用来管理操作系统中的文件和文件夹。通过文件资源管理器，用户可以方便地完成新建文件、选择文件、移动文件、复制文件、删除文件以及重命名文件等操作。
- **Windows设置：**用于设置系统信息，包括网络和Internet、个性化、更新和安全、Cortana、设备、隐私以及应用等。
- **应用区：**显示"日历""邮件""照片""Office""Microsof Edge"等应用程序的启动图标，双击相应的图标可以快速打开或运行程序。

1.3.3 设置个性化办公环境

办公环境是影响办公效率的重要因素，一个良好的、适合用户操作的办公环境能让用户事半功倍。办公自动化下的办公环境主要是指计算机系统的设置。本小节将着重介绍设置桌面背景、设置主题颜色、添加并更改桌面图标、排列桌面图标等基本操作，以进行办公环境的个性化设置。

1. 设置桌面背景

桌面背景又叫壁纸，用户可以使用系统自带的图片作为桌面背景，也可以将自己喜欢的图片设置为桌面背景。下面将"风景.jpeg"图片设置为桌面背景，具体操作如下。

 素材所在位置 素材文件\第1章\风景.jpeg

 微课视频

STEP 1 在 Windows 10 桌面空白处单击鼠标右键，在弹出的快捷菜单中选择"个性化"命令，如图 1-17 所示。

图1-17 选择"个性化"命令

STEP 2 打开"设置"窗口，在右侧的"选择图片"栏中单击 浏览 按钮，打开"打开"对话框，在其中选择"风景.jpeg"图片，单击 选择图片 按钮，如图 1-18 所示。

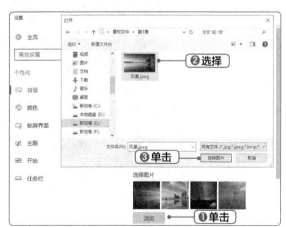

图1-18 选择图片

STEP 3 Windows 10 自动使用默认设置应用该背景图片，可在"选择契合度"下拉列表中选择对应的选项，这里选择"适应"选项，如图 1-19 所示。

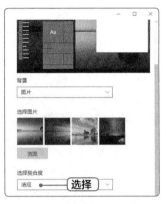

图1-19 选择"适应"选项

STEP 4 查看设置完成后的效果，如图 1-20 所示。

图1-20 查看效果

2. 设置主题颜色

主题颜色指窗口、选项、"开始"菜单、任务栏和通知区域等显示的颜色，通过设置主题颜色可自定义这些区域的显示颜色。设置主题颜色时，可在桌面背景中选取颜色，也可自定义颜色。具体方法为：在个性化设置窗口左侧选择"颜色"选项，在右侧的"主题色"栏中可选择需要应用的颜色，也可选中"从我的背景自动选取一种颜色"复选框进行设置，完成后在下方设置"使'开始'菜单、任务栏和操作中心透明""显示'开始'菜单、任务栏和操作中心的颜色""显示标题栏的颜色"栏中对应的 ⚪ 按钮可启用设置的颜色，在"选择应用模式"栏中还可设置颜色为浅色或深色，如图1-21所示。

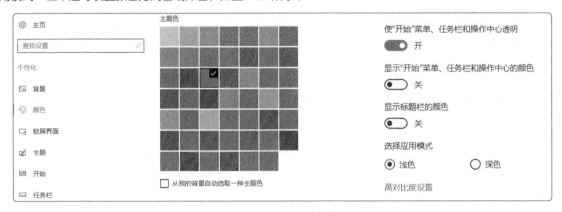

图1-21 设置主题颜色

3. 添加并更改桌面图标

为了提高使用计算机时各项操作的速度，可以根据需要添加系统图标，以此打开相应的窗口。同时，也可根据需要更改桌面图标的效果，下面将改变"用户的文件"图标，具体操作如下。

微课视频

STEP 1 在 Windows 10 桌面空白处单击鼠标右键，在弹出的快捷菜单中选择"个性化"命令，打开"设置"窗口。在窗口左侧选择"主题"选项，在右侧界面中选择"桌面图标设置"选项，如图 1-22 所示。

STEP 2 打开"桌面图标设置"对话框，选中"网络"复选框，单击图标 ，然后单击 更改图标(H)... 按钮，如图 1-23 所示。

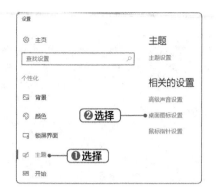

图1-22 "设置"窗口

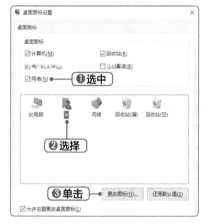

图1-23 选择图标

STEP 3 打开"更改图标"对话框，在"从以下列

表中选择一个图标"列表中选择图1-24所示的图标。也可单击 浏览 按钮选择自己制作或下载的其他图标。

图1-24 更改图标

STEP 4 单击 确定 按钮，返回"桌面图标设置"对话框，单击 确定 按钮确认设置，效果如图1-25所示。

图1-25 查看效果

4. 排列桌面图标

在办公中，随着安装软件的增多，桌面上的图标会逐步增加，为了工作方便，会将一些文件放置在桌面上，为了不使桌面看起来凌乱无章，用户可对桌面图标进行排列。排列图标的方法有自动排列和手动排列两种，下面分别进行介绍。

● **自动排列：**在Windows 10桌面空白处上单击鼠标右键，在弹出的快捷菜单中选择"排序方式"命令，在子菜单中选择"名称""大小""项目类型"或"修改日期"命令，系统会根据选择的方式进行自动排列，如图1-26所示。

● **手动排列：**将鼠标指针移动到某个图标上并单击即可选择该图标，选择多个图标则需在图标附近的空白处按住鼠标左键不放，拖曳鼠标指针框选需要选择的图标，然后再释放鼠标左键。将鼠标指针放在需选择的图标上，按住鼠标左键不放，拖曳图标到目标位置后释放鼠标左键，图标便被移动到新的位置，如图1-27所示。

图1-26 自动排列

图1-27 手动排列

第1部分

1.3.4 掌握文件和文件夹的基本操作

办公时经常需要对文件或文件夹进行操作，用户需要了解其关系并掌握其操作方法，下面分别进行介绍。

1. 了解文件和文件夹

文件是数据的表达方式，常见的文件类型包括文本文件、图片文件、音频文件、视频文件等。文件由文件图标和文件名称组成，文件图标根据文件类型而发生变化，文件名称分为文件名和扩展名，如Word 2016文档的扩展名为".docx"，Excel 2016工作簿的扩展名为".xlsx"等。

文件夹图标为　，作用是存放文件或其他文件夹。创建新文件夹时，文件名默认为"新建文件夹"，并处于可编辑状态（蓝底白字），用户可根据需要对文件夹名称进行更改。

文件和文件夹的关系如图1-28所示。

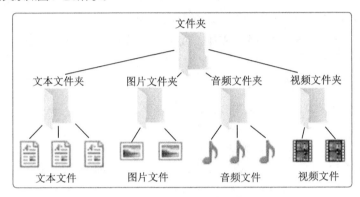

图1-28　文件和文件夹的关系

2. 新建文件和文件夹

新建文件夹最简单的方法是，在"文件资源管理器"窗口中打开需要新建文件夹的路径，单击鼠标右键，在弹出的快捷菜单中选择"新建"命令，在子菜单中选择"文件夹"命令，即可新建文件夹，如图1-29所示。文件夹名称呈蓝底白字，修改文件夹名称后按【Enter】键即可新建文件夹。此外，当计算机中安装了其他文件的应用程序后，还可直接选择对应的命令新建文件。

此外，在"文件资源管理器"窗口的功能区中单击"主页"选项卡，在"新建"组中单击"新建文件夹"按钮　即可新建文件夹，如图1-30所示。

图1-29　通过鼠标右键新建文件和文件夹

图1-30　通过功能区新建文件夹

新建文件的方法是：启动应用程序，在应用程序中选择"新建"命令新建文件，如在"记事本"程序中选择【文件】/【新建】命令可新建文本文件。

3. 选择文件和文件夹

无论对文件或文件夹进行什么操作，首先都应该选择对象，若需要对多个文件进行操作，直接单击将无法实现。下面介绍选择多个文件和文件夹的方法。

- **选择某一区域的文件或文件夹**：将鼠标指针移至区域的左上角，按住鼠标左键不放进行拖曳，此时将出现一个半透明的蓝色矩形框，处于该框范围内的文件和文件夹都将被选择。
- **选择连续的文件或文件夹**：选择一个文件或文件夹，按住【Shift】键不放，同时选择另一个文件或文件夹，此时这两个文件或文件夹之间的所有文件和文件夹都将被选择。
- **选择不连续的文件或文件夹**：选择一个文件或文件夹，按住【Ctrl】键不放，依次选择所需文件或文件夹，此时可选择窗口中任意连续或不连续的文件和文件夹。
- **选择全部文件**：按【Ctrl+A】组合键或在窗口功能区中的【主页】/【选择】组中单击 全部选择 按钮可选择当前窗口中所有的文件和文件夹。

4. 移动、复制和删除文件或文件夹

移动、复制和删除文件或文件夹是对文件和文件夹的基本操作，下面分别介绍其操作方法。

- **移动文件或文件夹**：选择文件或文件夹，按【Ctrl+X】组合键剪切文件或文件夹，切换到需要移动的目标位置，按【Ctrl+V】组合键即可移动文件或文件夹。
- **复制文件或文件夹**：选择文件或文件夹，按【Ctrl+C】键组合键复制文件或文件夹，切换到需要复制的目标位置，按【Ctrl+V】组合键即可复制文件或文件夹。
- **删除文件或文件夹**：选择文件或文件夹，按【Delete】键，可将文件或文件夹删除至回收站，按【Shift+Delete】组合键可彻底删除文件或文件夹。

> **知识补充**
>
> **使用鼠标右键移动、复制和删除文件或文件夹**
>
> 选择文件或文件夹，单击鼠标右键，在弹出的快捷菜单中选择"剪切"命令剪切文件或选择"复制"命令，切换到目标位置后，再次单击鼠标右键，在弹出的快捷菜单中选择"粘贴"命令，可分别移动、复制文件或文件夹。选择文件或文件夹，单击鼠标右键，在弹出的快捷菜单中选择"删除"命令可删除文件或文件夹。

5. 重命名文件或文件夹

当需要对文件或文件夹的名称进行修改时，可进行重命名操作。重命名文件或文件夹的方法主要有以下两种。

- 选择文件或文件夹，移动鼠标，单击文件或文件夹的名称，进入名称编辑状态，输入需要修改的名称并按【Enter】键。
- 选择文件或文件夹，单击鼠标右键，在弹出的快捷菜单中选择"重命名"命令，输入需要修改的名称并按【Enter】键。
- 选择文件或文件夹，在功能区的【主页】/【组织】组中单击"重命名"按钮 ，进入名称编辑状态，输入需要修改的名称并按【Enter】键。

1.4 课堂案例：设置办公自动化的环境

办公环境也称为办公室环境，是影响用户工作效率和工作心情的主要因素。办公室环境既包括办公活动场所的环境，也包括办公设备的使用环境。在办公自动化中办公环境主要涉及办公设备的使用环境，在本案例中则主要指计算机的使用环境。本案例将对计算机系统进行设置，以获得更有利的办公环境。

1.4.1 案例目标

设置办公自动化的环境，需要对计算机系统的桌面背景、主题颜色、图标位置、文件等进行设置，让背景更醒目、文件分类放置，使用户提高办公效率。本案例完成后的参考效果如图1-31所示。

图1-31 参考效果

 素材所在位置 素材文件\第1章\工作分区壁纸.jpg

微课视频

1.4.2 制作思路

要完成本案例的制作，需要先对计算机进行设置，包括将计算机桌面背景替换为工作分区壁纸、设置主题颜色等，然后对桌面上的图标进行移动，使其按类别放置，最后新建文件和文件夹，对文件和文件夹进行管理。具体制作思路如图1-32所示。

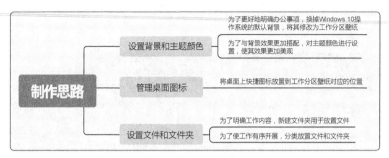

图1-32　制作思路

1.4.3 操作步骤

1. 设置背景和主题颜色

下面讲行桌面背景的替换，并设置主题颜色，具体操作如下。

STEP 1 在 Windows 10 的桌面空白处单击鼠标右键，在弹出的快捷菜单中选择"个性化"命令。

STEP 2 打开"设置"窗口，在右侧的"选择图片"栏中单击 浏览 按钮，打开"打开"对话框，在其中选择"工作分区壁纸 .jpg"图片，单击 选择图片 按钮，如图 1-33 所示。

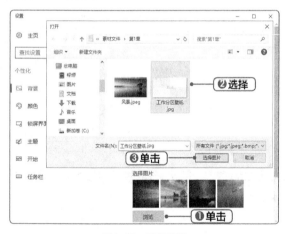

图1-33　选择图片

STEP 3 Windows 10 自动使用默认设置应用该背景图片，在"选择契合度"下拉列表中选择"填充"选项，然后选择左侧"个性化"栏中的"颜色"选项，如图 1-34 所示。

STEP 4 在打开界面的"主题色"栏中选择图 1-35所示的颜色，然后分别设置"使'开始'菜单、任务栏和操作中心透明""显示'开始'菜单、任务栏和操作中心的颜色""显示标题栏的颜色"栏中对应的 按钮，启用设置的颜色。

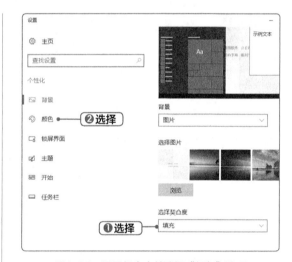

图1-34　设置契合度并选择"颜色"选项

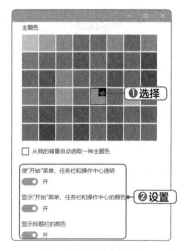

图1-35　设置主题颜色

STEP 5 设置完成后关闭窗口，返回系统桌面查看设置后的效果，如图 1-36 所示。

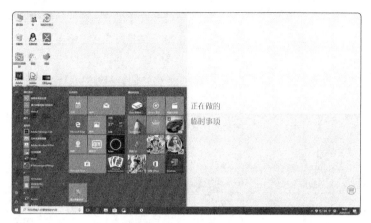

图1-36　查看效果

2. 管理桌面图标

下面整理桌面图标，使桌面图标按照背景进行分类放置，具体操作如下。

STEP 1　在 Windows 10 的桌面空白处单击鼠标右键，在弹出的快捷菜单中选择【排序方式】/【项目类型】命令，如图 1-37 所示，对桌面图标进行整理。

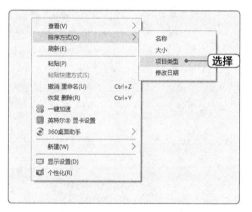

图1-37　排序桌面图标

STEP 2　将鼠标指针放在桌面上的应用程序快捷图标上，拖曳快捷图标到背景"常用软件"板块，效果如图 1-38 所示。

图1-38　拖曳快捷图标

STEP 3　选择不需要的快捷图标，按【Delete】键进行删除。

3. 设置文件和文件夹

下面在桌面的"正在做的"板块中新建"工作资料"文件夹，并将工作文件移动到其中，具体操作如下。

STEP 1　在桌面"正在做的"板块中上单击鼠标右键，在弹出的快捷菜单中选择【新建】/【文件夹】命令，如图 1-39 所示。

STEP 2　Windows 10 将新建一个文件夹，且文件夹名称呈蓝底白字，输入文本"工作资料"，如图 1-40 所示，按【Enter】键确认。

图1-39　选择"文件夹"命令

图1-40 输入文件夹名称

STEP 3 双击"工作资料"文件夹，打开该文件夹，在其中新建"财务分析""流程分布""部门资料""业绩统计""其他"文件夹，效果如图1-41所示。

STEP 4 打开其他磁盘，选择工作资料相关的文件，按【Ctrl+X】组合键剪切文件，再切换到"工作资料"

文件夹中的子文件夹"部门资料"中，按【Ctrl+V】组合键粘贴文件。使用相同的方法移动其他文件，效果如图1-42所示。

图1-41 新建其他文件夹

图1-42 移动文件

知识补充

关于办公文件的存放位置

实际办公时，文件和文件夹一般不放在桌面和系统盘，以免系统出现问题而导致文件和文件夹丢失。本例重点是为了展示文件和文件夹的操作。在工作中如果需要通过桌面来快速打开文件，可以通过创建桌面快捷方式的形式来放置文件，其方法是选择已有的文件或文件夹，单击鼠标右键，在弹出的快捷菜单中选择【发送到】/【桌面快捷方式】命令。

1.5 强化实训

本章介绍了办公自动化的概念、办公自动化的技术支持、办公自动化的系统搭建。下面通过两个项目实训，帮助读者强化本章所学知识。

1.5.1 识别办公组件

办公组件是用户实现自动化办公不可缺少的设备，了解并学会识别各个组件，可以帮助用户更好地选择合适的办公组件进行办公，最终提高工作效率。

【制作效果与思路】

图1-43展示了自动化办公需要用到的一些设备，根据前面所学的知识为各设备标注名称。

图1-43　外部设备

1.5.2 管理办公文件

文件是企业的资源，对文件进行管理不仅可以集中存储企业的重要文件，避免文件放置错乱，还能帮助用户整理工作思路，更好地开展工作。

【制作效果与思路】

本实训将对计算机中的文件和文件夹进行管理，具体制作思路如下。

（1）打开磁盘窗口，根据工作内容新建文件夹。

（2）将与文件夹名称对应的文件移动到文件夹中。

（3）新建文本文件，输入文件移动的文字记录。

（4）按修改时间排列文件。

1.6 知识拓展

下面对办公自动化技术基础的一些拓展知识进行介绍，帮助用户更好地认识办公自动化，提高办公效率。

1. 保存系统主题

用户自定义了办公环境后，可以将当前办公环境保存为新主题，避免系统出问题导致办公环境发生变化。保存系统主题后，用户下次可以直接在主题中选择已保存的主题选项。保存系统主题的操作方法：在系统桌面空白处单击鼠标右键，打开"设置"窗口，在左侧选择"主题"选项卡，在右侧选择"主题设置"选项；打开"个性化"窗口，在"我的主题"栏中单击"保存主题"选项，打开"将主题另存为"对话框，输入主题的名称，单击 保存 按钮，如图1-44所示。

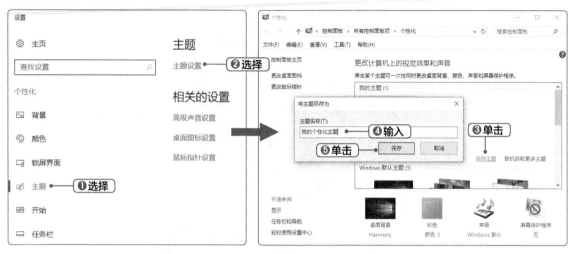

图1-44 保存系统主题

2. 使桌面图标变大

在桌面空白处单击鼠标右键，在弹出的快捷菜单中选择"查看"命令，在子菜单中选择"大图标"命令，桌面上的图标将比原来默认的中等图标大很多，同样，选择"小图标"命令则会使图标变小。

3. 隐藏文件或文件夹

对于计算机中较重要或私密的文件或文件夹，用户可以设置为隐藏，当需要查看时再将其显示出来。具体操作方法为：选择需要隐藏的文件或文件夹，单击鼠标右键，在弹出的快捷菜单中选择"属性"命令，打开"属性"对话框，选中"隐藏"复选框，单击 确定 按钮即可隐藏文件或文件夹。当需要显示隐藏的文件或文件夹时，可在磁盘窗口功能区的【查看】/【显示/隐藏】组中选中"隐藏的项目"复选框，如图1-45所示。

图1-45 显示隐藏的文件或文件夹

4. 共享文件或文件夹

共享文件或文件夹可以让处于同一局域网内的用户都能访问该文件或文件夹，在办公中较为常用。共享文件或文件夹的操作方法为：选择需要共享的文件或文件夹，单击鼠标右键，在弹出的快捷菜单中选择"属性"命令，打开"属性"对话框，单击 共享(S)... 按钮，打开"文件共享"对话框，选择需要共享的用户，单击 共享(H) 按钮即可，如图1-46所示。

第1部分

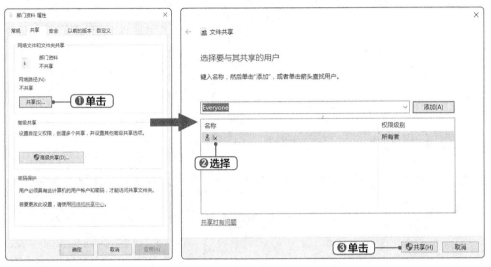

图1-46 共享文件或文件夹

1.7 课后练习

本章主要介绍了办公自动化的概念、技术支持以及系统构建，读者应加强该部分内容的练习与应用。下面通过3个练习，帮助读者巩固该部分知识。

练习 1 | 熟悉自动化办公实现的功能

巩固自动化办公实现的功能知识点，使自己能够非常自然地联想到自动化办公的主要功能有哪些，并对应到实际工作中。

练习 2 | 自定义 Windows 10 桌面

自定义Windows 10桌面，先将自己喜欢的图片设置为桌面背景，再对桌面的图标进行排列。

练习 3 | 搜索并打开文件

先打开系统窗口，然后在搜索框中输入文件的关键字，然后双击搜索到的相关文件选项，打开文件。

第 2 章

Word 2016 文档创建与格式设置

/ 本章导读

Word 2016 是常用的文档编辑软件，熟练使用 Word 2016 是对办公自动化用户的基本要求。本章将详细讲解 Word 2016 文档创建与格式设置的方法，以帮助读者掌握相关办公类文档制作的基础知识。

/ 技能目标

掌握 Word 2016 的基本操作方法。

掌握文本的输入与格式设置方法。

/ 案例展示

2.1 Word 2016 的基本操作

用户在使用Word 2016进行文档编辑前，需要掌握启动与退出Word 2016的方法，了解Word 2016的工作界面，熟悉新建、打开、保存和关闭文档等操作。

2.1.1 启动与退出 Word 2016

在计算机中安装Office 2016后，便可启动相应的组件，主要包括Word 2016、Excel 2016和PowerPoint 2016等组件，各个组件的启动方法相同。

1. 启动Word 2016

启动Word 2016的方法很简单，主要有以下3种。
- 单击"开始"按钮，在打开的"开始"菜单中选择"Word 2016"命令。
- 创建Word 2016的桌面快捷方式后，双击桌面上的快捷方式图标。
- 在任务栏中的"快速启动区"单击Word 2016图标。

2. 退出Word 2016

退出Word 2016主要有以下4种方法。
- 选择【文件】/【关闭】命令。
- 单击Word 2016窗口右上角的"关闭"按钮。
- 按【Alt+F4】组合键。
- 在Word 2016的标题栏上单击鼠标右键，在弹出的快捷菜单中选择"关闭"命令。

2.1.2 了解 Word 2016 的工作界面

启动Word 2016后，将进入其工作界面，如图2-1所示。下面介绍Word 2016工作界面中的主要组成部分。

1. 标题栏

标题栏位于Word 2016工作界面的最顶端，包括文档名称、登录按钮（用于登录Office账户）、"功能区显示选项"按钮（可对功能选项卡和命令区进行显示和隐藏操作）和右侧的"窗口控制"按钮组（包括"最小化"按钮、"最大化"按钮和"关闭"按钮，可最小化、最大化和关闭窗口）。

2. 快速访问工具栏

快速访问工具栏中显示了一些常用的工具按钮，默认按钮有"保存"按钮、"撤销键入"按钮、"重复键入"按钮。用户还可自定义按钮，只需单击该工具栏右侧的"自定义快速访问工具栏"按钮，在打开的下拉列表中选择相应选项即可。

3. "文件"菜单

"文件"菜单中的内容与Office其他版本中的"文件"菜单类似，主要用于执行相关文档的新建、打开、保存、共享等基本操作。选择"文件"菜单最下方的"选项"命令可打开"Word 选项"对话框，在其中可对Word选项进行常规、显示、校对、自定义功能区等多项设置。

4. 功能选项卡

Word 2016默认包含10个功能选项卡，单击任一选项卡可打开对应的功能区，单击其他选项卡可切换到相应的选项卡，每个选项卡中包含了相应的功能集合。

5. 智能搜索框

智能搜索框是Word 2016新增的一项功能，通过该搜索框，用户可轻松找到相关的操作说明。比如，需要在文档中插入目录时，用户可以直接在搜索框中输入"目录"，搜索框下方会显示一些关于目录的信息，将鼠标指针定位至"目录"选项上，在打开的子列表中就可以快速选择自己想要插入的目录的形式。

6."导航"窗格

"导航"窗格是用于显示文档中重要标题的导航控件，通过该窗格可以快速查看标题的层次结构，以便厘清当前文档的整体结构。此外，用户还可通过搜索文本框搜索内容，或单击"页面""结果"选项卡快速切换到页面效果和搜索结果列表。

7. 文档编辑区

文档编辑区是输入与编辑文本的区域，对文本进行的各种操作及结果都显示在该区域中。新建一篇空白文档后，文档编辑区的左上角将显示一个闪烁的光标。该光标称为文本插入点，其所在位置便是文本的起始输入位置。

8. 状态栏

状态栏位于工作界面的最底端，主要用于显示当前文档的工作状态，包括当前页数、字数、输入状态等，右侧依次是视图切换按钮和显示比例调节滑块。

图2-1　Word 2016的工作界面

2.1.3　新建与打开 Word 文档

在进行文档编辑前，需要先新建文档或者打开已有的文档。

1. 新建空白文档

新建空白文档主要有以下3种方法。

- 在Word 2016工作界面中选择【文件】/【新建】命令，打开"新建"界面，选择"空白文档"选项即可，如图2-2所示。
- 在快速访问工具栏中添加"新建"按钮，然后单击该按钮。
- 按【Ctrl+N】组合键。

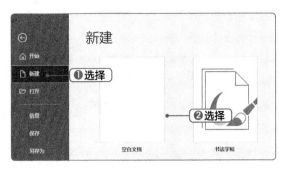

图2-2　新建空白文档

2. 新建模板文档

在Word 2016中可以利用其自带的模板创建各种带格式的文档，操作方法为：选择【文件】/【新建】命令，打开"新建"界面，在该界面中选择一种模板样式，或在文本框中输入需要的模板关键字，按【Enter】键搜索，在搜索结果中选择需要的模板样式，打开模板信息对话框，单击"创建"按钮 即可，如图2-3所示。

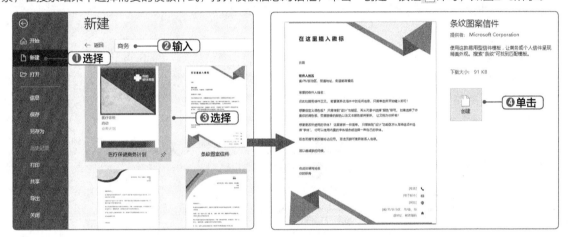

图2-3　新建模板文档

3. 打开文档

在Word 2016中可打开已存在的Word文档，操作方法为：选择【文件】/【打开】命令，打开"打开"界面，选择"浏览"选项，打开"打开"对话框，在地址栏中选择文件的保存位置，在其下的列表中选择要打开的文档，单击 打开(O) 按钮，如图2-4所示。

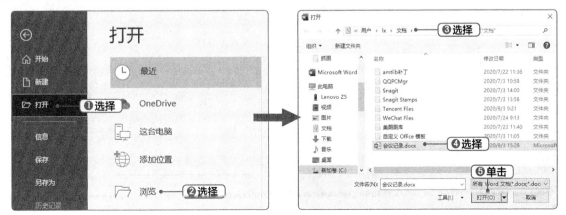

图2-4　打开文档

技巧秒杀

双击打开文档

在"打开"对话框中双击需打开的文档可快速将其打开，或在计算机中找到文档存放位置，双击文档也可打开。

2.1.4　保存和关闭 Word 文档

完成文档的编辑工作以后，应立即对其进行保存，避免重要信息丢失，也方便下一次对文档进行查阅和修改，最后还应关闭文档，以节约计算机资源。保存文档分为保存已存在的文档、另存为文档和自动保存文档3种，下面进行详细介绍，最后还将介绍关闭文档的方法。

1. 保存已存在的文档

已存在的文档是指已经保存过的文档，对这类文档进行修改后，选择【文件】/【保存】命令或单击快速访问工具栏中的 按钮会直接覆盖原有文档，而不会打开任何对话框。

2. 另存为文档

另存为文档的方法为：选择【文件】/【另存为】命令，打开"另存为"界面，选择"浏览"选项，打开"另存为"对话框，在"保存位置"下拉列表中设置文档的保存路径，在"文件名"下拉列表中设置文档的保存名称，单击 保存(S) 按钮。

知识补充

保存新建文档

若文档是新建的文档，在保存该文档时，无论是选择【文件】/【保存】命令，还是选择【文件】/【另存为】命令，都将打开"另存为"界面。在该界面中可进行另存为操作，以保存新建的文档。

3. 自动保存文档

为了避免操作失误或意外断电造成文档无法修复的情况，可以对文档进行自动保存设置。操作方法为：选择【文件】/【选项】命令，打开"Word 选项"对话框，单击"保存"选项卡，在"保存文档"栏中选中"保存自动恢复信息时间间隔"复选框，在其右侧的数值框中设置时间间隔，如图2-5所示，设置完毕后单击 确定 按钮。

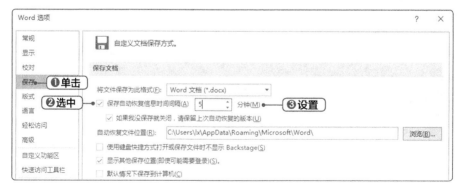

图2-5　设置自动保存文档

4. 关闭文档

除了用退出Word 2016的方法关闭文档，还可用以下两种方法关闭文档而不退出Word 2016。

● 选择【文件】/【关闭】命令。

● 按【Ctrl+W】组合键。

2.2 文本的输入与格式设置

创建或打开文档后可以在文档中输入文本，运用Word 2016的"即点即输"功能可轻松地在文档的不同位置输入文本。当需要对文本进行修改、美化时，用户还可以编辑文本，并设置文本的字体和段落格式。

2.2.1 输入文本

输入文本是使用Word 2016编辑文档的重要操作，在Word 2016中可输入普通文本、特殊字符、日期和时间等，下面分别进行讲解。

1. 输入普通文本

输入普通文本的方法为：将输入法切换至中文输入法状态，直接输入所需的文本，此时文本将在当前文本插入点处显示，当输入的文本到达右边界时，文本会自动跳转至下一行继续显示。输入的过程中按【Enter】键可使文本换行。

2. 输入特殊字符

Word文档中除了可以输入普通文本，还可以输入一些特殊字符，如三角形、五角星、笑脸、文件图标、信封等。操作方法为：将文本插入点定位到需插入特殊字符的位置，在【插入】/【符号】组中单击"插入符号"按钮 Ω，在打开的下拉列表中选择"其他符号"选项；打开"符号"对话框，在"字体"下拉列表中选择某种字体符号集，不同的字体，符号集的样式不同，然后在其下的列表中选择一种符号，单击 插入(I) 按钮，如图2-6所示。

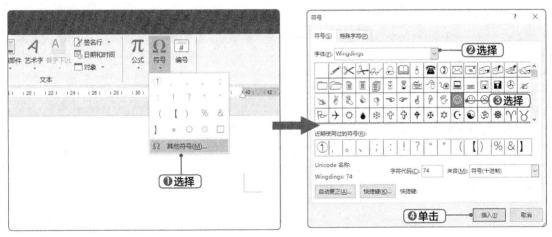

图2-6 输入特殊字符

3. 输入日期和时间

若要输入系统中的当前日期和时间，可利用Word 2016的"日期和时间"功能进行输入。操作方法为：将文本插入点定位到需插入日期和时间的位置，在【插入】/【文本】组中单击 日期和时间 按钮，打开"日期和时间"

对话框，在"语言（国家/地区）"下拉列表中选择语言类型，一般保持默认选择，在"可用格式"列表中选择所需的时间格式，单击 确定 按钮，如图2-7所示。若想自动更新时间，可在该对话框中选中"自动更新"复选框。

2.2.2 编辑文本

在文档中输入文本后，通常需要对文本进行编辑。当输入的文本出现错误时，就会涉及选择文本、插入文本、删除和修改文本、移动文本、复制文本以及查找和替换文本等操作，下面对常见的编辑文本的方法进行介绍。

图2-7 输入日期和时间

1. 选择文本

当要对文档中的部分内容进行修改、复制和删除等操作时，首先应该确定编辑对象，即先选择需编辑的文本。选择文本有以下9种方法。

● 将鼠标指针移至文本编辑区中，当其变成"Ⅰ"形状时，在要选择文本的起始位置按住鼠标左键不放拖曳鼠标指针至目标位置并释放鼠标左键，则起始位置和目标位置之间的文本被选中。
● 在文本中任意位置双击，可选中光标所在位置的单字或词组。
● 在文本中单击3次鼠标，可选中光标所在的整段文本。
● 将光标定位到需选择文本的起始位置，按住【Shift】键不放并单击，可选中起始位置和目标位置之间的文本。
● 按住【Ctrl】键不放的同时单击某句文本的任意位置可选中该句文本。
● 将光标移至文本中任意行的左侧，当其变为"⊿"形状时单击可选中该行文本；双击可选中该段文本。
● 按住鼠标左键不放并向上或向下拖曳鼠标指针可选中连续的多行文本。
● 选中部分文本后，按住【Ctrl】键不放可继续选中其他文本，选中的文本可以是连续的，也可以是不连续的。
● 将光标定位在文档中的任意位置，直接按【Ctrl+A】组合键可选中整篇文档。

2. 插入文本

当发现文档中有漏输入文本时，可使用插入文本的方法来修改。操作方法为：直接在需要输入文本的位置单击，然后输入需要的文本。

3. 删除和修改文本

删除和修改文本的方法主要有以下4种。

● 选中需删除的文本，按【Delete】键或【Backspace】键可将其删除。
● 按【Backspace】键可删除光标左侧的文本。
● 按【Delete】键可删除光标右侧的文本。
● 删除文本后，在需重新输入文本的位置单击，然后输入需要的文本即可。

4. 移动文本

若需要对文档中文本的位置进行调整可对文本进行移动，将文本移动至其他位置的方法有以下3种。

● 选中需移动的文本，然后在【开始】/【剪贴板】组中单击"剪切"按钮 ✂，将光标定位到目标位置后，在【开始】/【剪贴板】组中单击"粘贴"按钮 📋。
● 选中需移动的文本，在其上按住鼠标左键不放，拖曳文本至目标位置后释放鼠标左键。
● 选中需移动的文本，按【Ctrl+X】组合键剪切文本，将光标定位到目标位置后按【Ctrl+V】组合键进行粘贴。

5. 复制文本

若需输入内容相同的文本，可采用复制文本的方法以提高工作效率。复制文本的方法有以下3种。

● 选中需复制的文本，然后在【开始】/【剪贴板】组中单击"复制"按钮 ，将光标定位到目标位置后在【开始】/【剪贴板】组中单击"粘贴"按钮 。

● 选中需复制的文本，按住【Ctrl】键不放的同时，在其上按住鼠标左键不放并拖曳文本至目标位置后释放鼠标左键。

● 选中需复制的文本，按【Ctrl+C】组合键复制，将光标定位到目标位置后按【Ctrl+V】组合键进行粘贴。

6. 查找和替换文本

当需要快速查找文档中的某个内容时，可使用查找功能；当文档中存在多处相同的错误需要修改时，可使用替换功能。下面在"办公室物资管理条例.docx"中查找"物资"文本，并将"三百元"替换为"300元"，将标题格式左对齐替换为居中对齐，具体操作如下。

素材所在位置　素材文件\第2章\办公室物资管理条例.docx
效果所在位置　效果文件\第2章\办公室物资管理条例.docx

STEP 1　打开"办公室物资管理条例.docx"文档，在【开始】/【编辑】组中单击"查找"按钮 ，如图2-8所示。

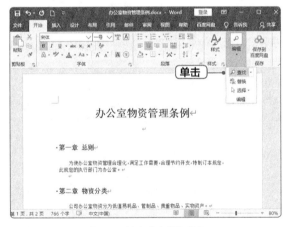

图2-8　单击"查找"按钮

STEP 2　打开"导航"窗格，在文本框中输入需要查找的文本，这里输入"物资"，按【Enter】键查看搜索结果。图2-9所示为"结果"选项卡中的搜索结果，可单击对应选项定位到文档中的具体位置。

STEP 3　按【Ctrl+H】组合键，打开"查找和替换"对话框，在"查找内容"文本框中输入"三百元"，在"替换为"文本框中输入替换的文本，这里输入"300元"，单击 全部替换(A) 按钮进行替换，完成后在打开的提示对话框中单击 确定 按钮，如图2-10所示。

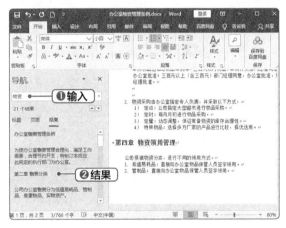

图2-9　查找"物资"文本

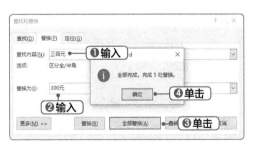

图2-10　替换文本

STEP 4　单击 更多(M) >> 按钮展开"查找和替换"对话框，删除"查找内容"文本框中的"三百元"，单击对话框底部的 特殊格式 按钮，在打开的下拉列表中选择"段落标记（P）"选项，如图2-11所示。

图2-11　选择"段落标记（P）"选项

STEP 5　此时，"查找内容"文本框中将自动输入"^p"文本。再次执行上步操作，在"查找内容"文本框中再次输入"^p"。复制"^p"文本，并将其粘贴到"替换为"文本框中，单击 全部替换(A) 按钮进行替换，完成后在打开的提示对话框中单击 确定 按钮，如图2-12所示。

图2-12　替换段落标记

STEP 6　删除"查找内容"文本框中的文本，保持光标的定位状态，单击对话框底部的 格式(O)▼ 按钮，在打开的下拉列表中选择"字体"选项，如图2-13所示。

STEP 7　打开"替换字体"对话框，设置中文字体为"+中文标题"，字形为"加粗"，字号为"三号"，如图2-14所示。

图2-13　选择"字体"选项

图2-14　设置字体格式

STEP 8　单击 确定 按钮返回"查找和替换"对话框。再次单击 格式(O)▼ 按钮，在打开的下拉列表中选择"段落"选项。

STEP 9　打开"查找段落"对话框，在"对齐方式"栏中选择"两端对齐"选项，如图2-15所示。

图2-15　选择"两端对齐"选项

STEP 10　单击 确定 按钮返回"查找和替换"对话框。删除"替换为"文本框中的文本，使用相同的方法设置该文本框的替换格式，即设置中文字体为"+中文标题"，字形为"加粗"，字号为"三号"，段落对齐方式为"居中"。设置完成后的"查找和替换"对话框如图2-16所示。

STEP 11　单击 全部替换(A) 按钮进行替换，替换完成后依次单击 确定 按钮和 关闭 按钮，最终效果如图2-17所示。

第2部分

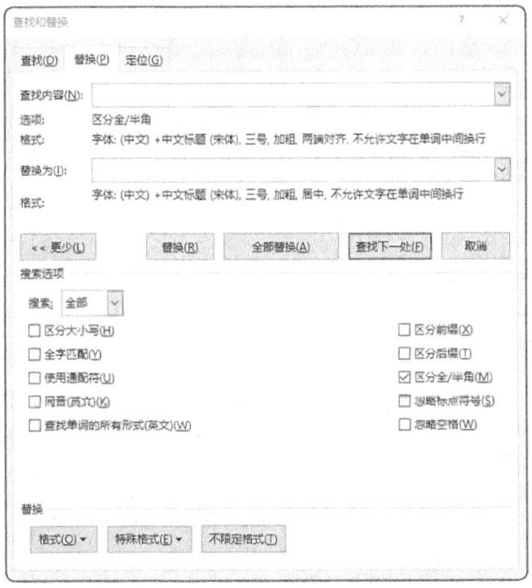

图2-16　设置“替换为”的格式

办公室物资管理条例

第一章 总则

为使办公室物资管理合理化，满足工作需要，合理节约开支，特制订本规定，此规定的执行部门为办公室。

第二章 物资分类

公司办公室物资分为低值易耗品、管制品、贵重物品、实物资产。
1. 低值易耗品：笔、纸、电池、订书钉、胶水等。
2. 管制品：订书机、打洞机、剪刀、美工刀、文件夹、计算器等。
3. 贵重物品：个人使用保管的 300 元以上并涉及今后的费用开销的物资，如 BP 机、手机、助动车等。
4. 实物资产：物资价格 300 元以上，如空调、计算机、摄像机、照相机等。

第三章 物资采购

1. 公司物资的采购，原则上由办公室统一购买，特殊物资经办公室同意，可由申购部门自行购买。
申购物品应填写物品申购单，300 元以内物品，申购并交部门经理同意，办公室批准；300 元以上（含 300 元）需部门经理同意，办公室批准，总经理批准。
2. 物资采购由办公室指定专人负责，并采取以下方式。
1）定点：公司指定大型超市进行物品采购。
2）定时：每月月初进行物品采购。
3）定量：动态调整，保证常备物资的库存合理性。

第四章 物资领用管理

公司根据物资分类，进行不同的领用方式。
1. 低值易耗品：直接向办公室物品保管人员签字领用。
2. 管制品：直接向办公室物品保管人员签字领用。
3. 贵重物品：根据××号文件。
4. 实物资产：由办公室设立实物资产管理台账，以准确记录固定资产的现状。

第五章 公司物资借用

1. 凡借用公司办公器材，需填写物资借用单，并由部门经理签字认可。
2. 借用物资超时未还的，办公室有责任督促归还。
3. 借用物资发生损坏或遗失的，视具体情况照价或折价赔偿。

第六章 附则

1. 新进人员到职时由管理部门通知，向办公室领用办公物品。
2. 人员离职时，必须向办公室办理办公物品归还手续，未经办公室认可的，不得为其办理离职手续。
3. 办公室有权控制每位员工的办公物品领用总支出。

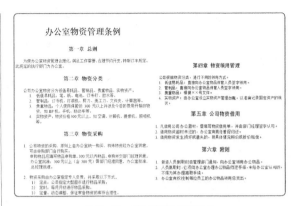

图2-17　查看替换后的效果

技巧秒杀

清除设置的格式

在“查找和替换”对话框中设置了格式后，格式会自动被保存在对话框中，若不需要这些格式，可单击对话框底部的 不限定格式(T) 按钮进行清除。

2.2.3 设置文本格式

在Word文档中，可以通过设置文本的字体、字号、颜色等使文本效果更突出、美观。Word 2016提供了以下3种方法进行文本格式的设置。

1. 通过浮动工具栏设置文本格式

选择一段文本后，将出现浮动工具栏。该浮动工具栏最初为半透明状态，将鼠标指针指向该工具栏时其会清晰地完全显示。浮动工具栏中包含常用的字符设置选项，单击相应的按钮或选择相应选项即可进行文本格式的设置，如图2-18所示。

2. 利用功能选项区设置文本格式

在Word 2016默认功能选项区的【开始】/【字体】组中可直接设置文本格式，包括字体、字号、颜色和字形等，如图2-19所示。选择需要设置格式的文本后，在“字体”组中单击相应的按钮或选择相应的选项即可进行相应设置。

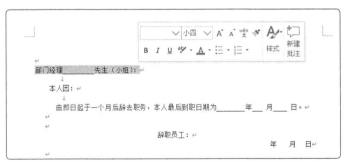

图2-18　通过浮动工具栏设置文本格式

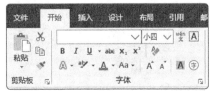

图2-19　利用功能选项区设置文本格式

3. 利用"字体"对话框设置文本格式

在【开始】/【字体】组中单击右下角的 ⌐ 按钮或按【Ctrl+D】组合键，打开"字体"对话框，在"字体"选项卡中可设置字体格式，如字体、字形、字号、字体颜色和下画线等，还可以即时预览设置后的效果，如图2-20所示。单击"高级"选项卡，可以设置字符间距、OpenType功能等，如图2-21所示。

图2-20 "字体"选项卡   图2-21 "高级"选项卡

2.2.4 | 设置段落格式

段落是文字、图形及其他对象的集合，回车符" ↵ "是段落的结束标记。设置段落格式，如段落对齐方式、段落缩进、行和段落间距等，可以使文档的结构更清晰、层次更分明。

1. 设置段落对齐方式

段落对齐方式主要包括左对齐、居中、右对齐、两端对齐和分散对齐等，其设置方法有以下两种。

● 选择要设置的段落，在【开始】/【段落】组中单击相应的对齐按钮 ≡ ≡ ≡ ≡ ≡，即可设置对齐方式，如图2-22所示。

● 选择要设置的段落，单击"段落"组右下方的 ⌐ 按钮，打开"段落"对话框，在该对话框中的"对齐方式"下拉列表中进行设置。

2. 设置段落缩进

段落缩进包括左缩进、右缩进、首行缩进和悬挂缩进4种，一般利用标尺和"段落"对话框设置，具体操作方法如下。

● **利用标尺设置段落缩进：**在【视图】/【显示】组中选中"标尺"复选框，显示出标尺，然后拖曳水平标尺中的各个缩进滑块，可以直观地调整段落缩进。其中，▽为首行缩进滑块，△为悬挂缩进滑块，▢为左缩进滑块，如图2-23所示。

图2-22 设置段落对齐方式   图2-23 利用标尺设置段落缩进

- **利用"段落"对话框设置段落缩进：** 选择要设置的段落，单击"段落"组右下方的 按钮，打开"段落"对话框，在该对话框的"缩进"栏中进行设置即可。

3. 设置行和段落间距

合适的行距和段落间距可使文档一目了然，下面对行间距和段落前后间距的设置方法进行介绍。

- 选择段落，在【开始】/【段落】组中单击"行和段落间距"按钮 ，在打开的下拉列表中选择对应的选项。
- 选择段落，打开"段落"对话框，在"间距"栏中的"段前"和"段后"数值框中输入值，在"行距"下拉列表中选择相应的选项。

技巧秒杀

使用格式刷复制格式

如果Word文档中有多处需要设置相同格式的文本或段落，可利用"剪贴板"组中的 格式刷 按钮快速复制格式。操作方法为：选择已设置格式的文本，单击【开始】/【剪贴板】组中的 格式刷 按钮，鼠标指针将变为 形状，拖曳鼠标指针选择需应用该格式的文本或段落即可快速复制格式。

2.3 课堂案例：制作"活动通知"文档

通知是一种公文，用于发布法规、规章，转发上级机关、同级机关和不相隶属机关的公文，批转下级机关的公文，要求下级机关办理某项事务等。通知一般由标题、主送单位（受文对象）、正文、落款4部分组成。活动通知是日常办公中运用较为广泛的一种通知，读者应该掌握其制作方法。

2.3.1 案例目标

活动通知应该清晰、明了，有明确的标题、活动通知对象、正文和落款，每一部分的内容排列要简洁、美观，便于他人查看。本案例将制作"活动通知"文档，练习文本的输入、编辑，以及文本格式和字体、段落的设置，完成后的参考效果如图2-24所示。

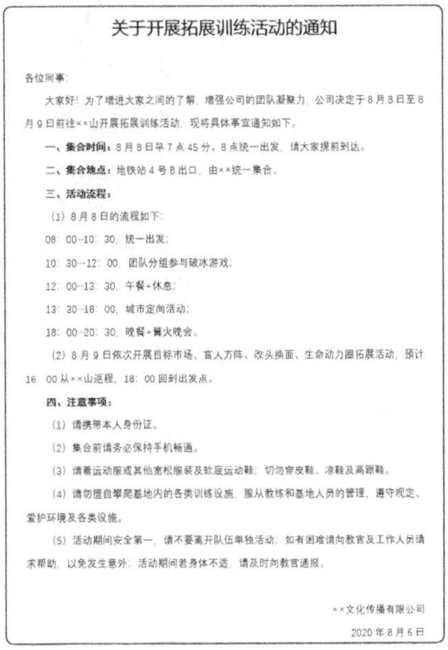
关于开展拓展训练活动的通知

各位同事：

大家好！为了增进大家之间的了解，增强公司的团队凝聚力，公司决定于8月8日至8月9日前往××山开展拓展训练活动，现将具体事宜通知如下。

一、集合时间： 8月8日早7点45分，8点统一出发，请大家提前到达。

二、集合地点： 地铁站4号B出口，由××统一集合。

三、活动流程：

（1）8月8日的流程如下：

08：00--10：30，统一出发；

10：30--12：00，团队分组参与破冰游戏；

12：00--13：30，午餐+休息；

13：30--18：00，城市定向活动；

18：00--20：30，晚餐+篝火晚会。

（2）8月9日依次开展目标市场、盲人方阵、改头换面、生命动力圈拓展活动，预计16：00从××山返程，18：00回到出发点。

四、注意事项：

（1）请携带本人身份证。

（2）集合前请务必保持手机畅通。

（3）请着运动服或其他宽松服装及软底运动鞋；切勿穿皮鞋、凉鞋及高跟鞋。

（4）请勿擅自攀爬基地内的各类训练设施，服从教练和基地人员的管理，遵守规定、爱护环境及各类设施。

（5）活动期间安全第一，请不要离开队伍单独活动；如有困难请向教官及工作人员请求帮助，以免发生意外；活动期间若身体不适，请及时向教官通报。

××文化传播有限公司

2020年8月6日

图2-24 "活动通知"文档效果

素材所在位置　素材文件\第2章\活动通知.txt
效果所在位置　效果文件\第2章\活动通知.docx

2.3.2　制作思路

要完成本案例的制作，需要先新建并保存Word文档，然后在文档中输入文本，设置文本的格式，最后对段落格式进行设置，使文本内容层次清晰、效果美观。具体制作思路如图2-25所示。

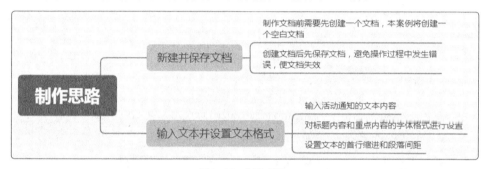

图2-25　制作思路

2.3.3　操作步骤

1. 新建并保存文档

下面先新建一个Word文档，并将其以"活动通知"为名进行保存，具体操作如下。

STEP 1　单击"开始"按钮⊞，在打开的开始菜单中选择"Word 2016"命令，启动 Word 2016 并打开"开始"界面。选择"空白文档"选项，如图 2-26 所示。

图2-26　选择"空白文档"选项

STEP 2　新建名为"文档 1"的空白 Word 文档，

选择【文件】/【另存为】命令，打开"另存为"界面，选择"浏览"选项，如图 2-27 所示。

图2-27　选择"浏览"选项

STEP 3　打开"另存为"对话框，设置文档的保存路径，输入文件名"活动通知"，单击 保存(S) 按钮，如图 2-28 所示。

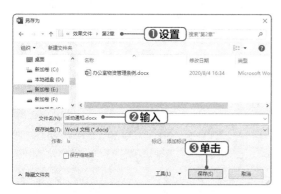

图2-28 保存文档

已经发生变化，效果如图 2-29 所示。

图2-29 查看效果

STEP 4 返回 Word 工作界面，即可看到文档名称

2. 输入文本并设置文本格式

下面先输入文本，再分别设置文本的字体格式和段落格式，具体操作如下。

STEP 1 新建并保存文档后，光标自动在文档起始处，切换到中文输入法，输入标题文本"关于开展拓展训练活动的通知"，然后按【Enter】键换行，效果如图 2-30 所示。

图2-30 输入标题文本

STEP 2 打开"活动通知 .txt"文档，按【Ctrl+A】组合键全选文本，按【Ctrl+C】组合键复制文本，返回"活动通知 .docx"文档，再按一次【Enter】键换行，然后按【Ctrl+V】组合键粘贴文本，效果如图 2-31 所示。

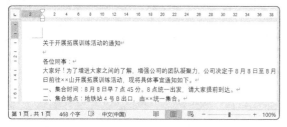

图2-31 粘贴文本

STEP 3 将光标定位在文本的最后，按【Enter】键换行，然后输入公司名称。再次按【Enter】键换行，在【插入】/【文本】组中单击 日期和时间 按钮。

STEP 4 打开"日期和时间"对话框，在"可用格式"列表中选择一种格式，这里选择"2020 年 8 月 6 日"，单击 确定 按钮，如图 2-32 所示。返回 Word 工作界面即可看到插入时间后的效果，如图 2-33 所示。

图2-32 "日期和时间"对话框

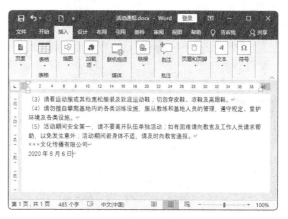

图2-33 插入时间后的效果

STEP 5 拖曳鼠标指针选择第一行的标题文本，在【开始】/【字体】组中设置字体为"方正兰亭细黑"，字号为"小二"，单击"加粗"按钮**B**。在【开始】/【段落】组中单击"居中"按钮≡，设置标题文本的格式，如图 2-34 所示。

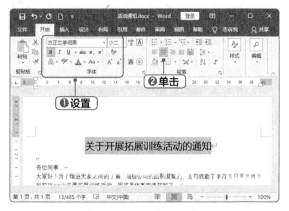

图2-34　设置标题文本格式

STEP 6 拖曳鼠标指针选择正文文本，即"大家好！"至"请及时向教官通报。"中间的文本，单击【开始】/【段落】组右下角的按钮，打开"段落"对话框，在"缩进"栏的"特殊"下拉列表中选择"首行"选项，在其后的"缩进值"数值框中输入"2字符"，如图 2-35 所示。

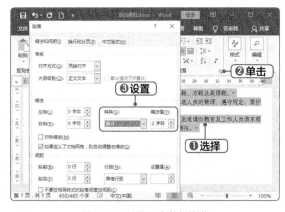

图2-35　设置正文首行缩进

STEP 7 单击 确定 按钮返回 Word 工作界面。选择最后 2 行文本，单击【开始】/【段落】组中的"右对齐"按钮≡，效果如图 2-36 所示。

STEP 8 按【Ctrl+A】组合键全选文本，单击【开始】/【段落】组右下角的按钮，打开"段落"对话框，在"行距"下拉列表中选择"1.5 倍行距"选项，如图 2-37 所示。

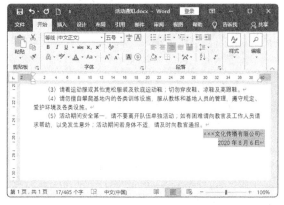

图2-36　右对齐文本

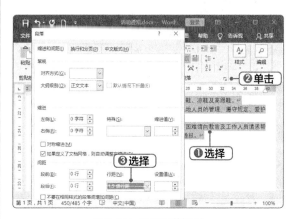

图2-37　设置段落间距

STEP 9 单击 确定 按钮返回 Word 工作界面。选择"一、集合时间："文本，在弹出的浮动工具栏中设置其字体格式为"黑体、加粗"，字号为"五号"，如图 2-38 所示。

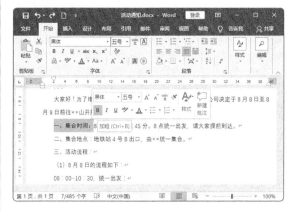

图2-38　设置重点文字格式

第 2 部分

STEP 10 双击【开始】/【剪贴板】组中的 格式刷 按钮，拖曳鼠标指针，为"二、集合地点："、"三、活动流程："、"四、注意事项："应用相同的格式，效果如图 2-39 所示。最后在落款文本前添加一空行，增加公司名称、日期与正文的距离，设置完成后按【Ctrl+S】组合键保存。

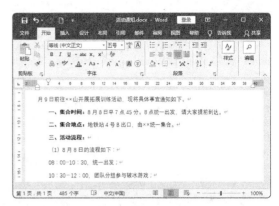

图2-39 应用相同格式后的效果

2.4 强化实训

本章介绍了 Word 2016 文档创建与格式设置的方法，下面通过两个项目实训，帮助读者强化本章所学知识。

2.4.1 制作"表彰通报"文档

通报是宣传教育、通报信息的文种，适用于表彰先进、批评错误、传达重要精神和告知重要情况。通报除了起到嘉奖或告诫作用，还有交流的作用。表彰通报是对表现优秀的人的一种表扬通报，在制作此类文档时应注意突出表扬的事项。

【制作效果与思路】

完成本实训需要输入文本、替换文本，并设置文本的标题格式、正文字号、间距以及对齐格式等，效果如图2-40所示。具体制作思路如下。

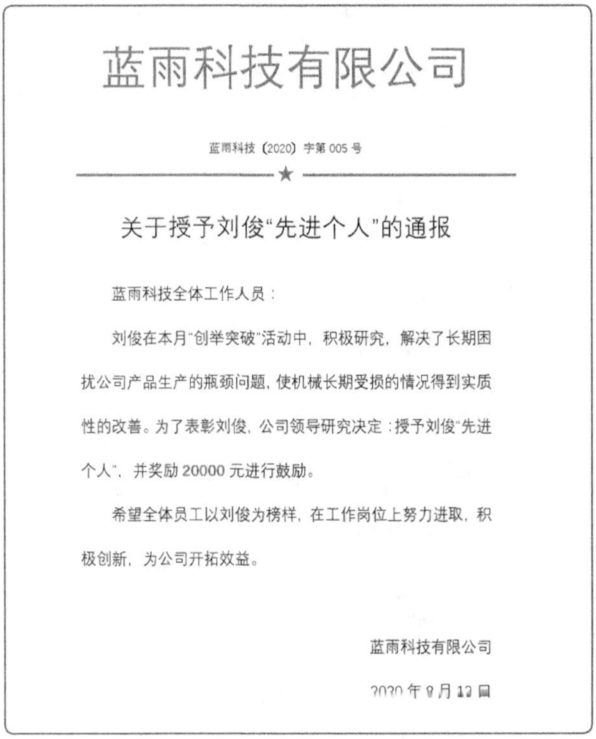

蓝雨科技有限公司

蓝雨科技（2020）字第 005 号

★

关于授予刘俊"先进个人"的通报

蓝雨科技全体工作人员：

刘俊在本月"创举突破"活动中，积极研究，解决了长期困扰公司产品生产的瓶颈问题，使机械长期受损的情况得到实质性的改善。为了表彰刘俊，公司领导研究决定：授予刘俊"先进个人"，并奖励 20000 元进行鼓励。

希望全体员工以刘俊为榜样，在工作岗位上努力进取，积极创新，为公司开拓效益。

蓝雨科技有限公司

2020 年 8 月 17 日

图2-40 "表彰通报"文档效果

素材所在位置　素材文件\第2章\通报.docx
效果所在位置　效果文件\第2章\通报.docx

微课视频

（1）打开"通报.docx"文档，将文本插入点定位到署名后，按【Enter】键换行，插入时间。

（2）按【Ctrl+H】组合键，打开"查找和替换"对话框，将"××"替换为"刘俊"。

（3）设置标题文本格式为"红色、初号、居中、段后距2行"，第2行文本格式为"五号、居中"。

（4）在第2行末尾插入空行，通过插入符号功能插入"★"符号，设置其格式为"红色、二号、居中"，然后通过【插入】/【插图】组中的"形状"按钮插入红色的线条。

（5）设置第3行文本格式为"二号、居中、1.5倍行距"。设置正文文本字号为"四号"，署名设置为右对齐，设置段落缩进的左侧、右侧为"2字符"，首行缩进"2字符"，行距"2.5倍"。

（6）将"先进个人""20000"文本格式设置为"红色、加粗"。

2.4.2 制作"工作总结"文档

工作总结是对已经做过的工作进行理性思考，并用文字表现的一种应用文格式。撰写工作总结的目的是总结过去所做的工作，并在总结过去经验教训的基础上展望未来。撰写工作总结应该具有实事求是的态度，要写得有理论价值，还要注意使用第一人称称谓。

【制作效果与思路】

完成本实训需要进行文本与段落格式的设置，效果如图2-41所示。具体制作思路如下。

图2-41　"工作总结"文档效果

 素材所在位置　素材文件\第2章\工作总结.docx
效果所在位置　效果文件\第2章\工作总结.docx

微课视频

（1）打开"工作总结.docx"文档，设置标题文本格式为"小初、居中、加粗"，设置其段落格式的段前距为"6行"，段后距为"2行"。

（2）设置正文文本的字号为"小四"，段落首行缩进2字符，行距为"2倍行距"。

（3）为带有编号的文本设置黄色的文本突出显示颜色。

2.5　知识拓展

下面对Word 2016文档创建与格式设置的一些拓展知识进行介绍，以帮助读者更好地进行文档的基本操作。

1. 保存并保护文档

为了防止他人进入计算机查看或修改Word文档的内容，用户可通过"另存为"对话框设置Word文档的保存与保护功能。操作方法为：打开"另存为"对话框，单击 工具(L) ▼ 按钮，在打开的下拉列表中选择"常规选项"选项，打开"常规选项"对话框，若希望审阅者只有输入正确密码才能查看文档，可在"打开文件时的密码"文本框中输入密码；若希望审阅者只有输入正确密码才能保存对文档的更改，可在"修改文件时的密码"文本框中输入密码；若不希望审阅者修改文件，可选中"建议以只读方式打开文档"复选框，完成后单击 确定 按钮并进行密码的确认。

2. 取消浮动工具栏

默认情况下，在第一次选择文本时，将自动打开浮动工具栏。若不想启动浮动工具栏，可选择【文件】/【选项】命令，打开"Word选项"对话框，在"常规"选项卡的"用户界面选项"栏中取消选中"选择时显示浮动工具栏"复选框。

3. 快速选择文档中相同格式的文本内容

在【开始】/【编辑】组中单击 ▷选择 按钮，在打开的下拉列表中选择"选定所有格式类似的文本"选项，可在整篇文档中快速选择相同样式的文本内容。

4. 清除文本或段落中的格式

选择已设置格式的文本或段落，在【开始】/【字体】组中单击"清除所有格式"按钮 ◈，即可清除所选择文本或段落的格式。

2.6　课后练习

本章主要介绍了Word 2016的基本操作、文本的输入与格式设置，读者应加强对该部分内容的练习与应用。下面通过2个练习，帮助读者巩固该部分知识。

练习1　制作"会议通知"文档

开展会议前需发布会议通知文档，通知相关人员参与会议。本练习将制作"会议通知"文档，要求创建文档、输入文本并设置文本和段落格式，参考效果如图2-42所示。

素材所在位置　素材文件\第2章\会议通知.txt
效果所在位置　效果文件\第2章\会议通知.docx

操作要求如下。

（1）新建一个空白Word文档，并以"会议通知"为名进行保存。然后输入文档标题"会议通知"，设置其字体格式为"宋体、二号、加粗、居中对齐"，段前距和段后距为"1行"。

（2）打开提供的"会议通知.txt"素材文档，复制并粘贴所有内容到"会议通知.docx"文档中。然后设置其字体格式为"宋体、小四"，段落格式为"首行缩进2字符"。

（3）选择所有文本，设置行间距为"1.5倍行距"。

> **会议通知**
>
> 各部门：
>
> 　　为了总结工作、交流经验和研究分析存在的问题，进一步提高各部门的工作效率，公司决定召开工作交流会议。现将有关事项通知如下。
>
> （1）会议内容：工作交流。
> （2）参加人员：全公司所有员工。
> （3）会议时间、地点：2020年8月10日，公司二楼会议室。
> （4）要求：带上笔记本和笔，不得迟到。
>
> 　　　　　　　　　　　　　　　人事部
> 　　　　　　　　　　　　　2020年8月7日

图2-42　"会议通知"文档效果

练习2　制作"会议记录"文档

开展会议时，通常需要将会议的过程和内容进行记录，这就需要制作会议记录，便于会议结束后发放给相关人员和存档。本练习将制作"会议记录"文档，要求创建文档、输入文本并设置文本和段落格式，参考效果如图2-43所示。

素材所在位置　素材文件\第2章\会议记录.txt
效果所在位置　效果文件\第2章\会议记录.docx

操作要求如下。

（1）新建一个空白Word文档，并以"会议记录"为名进行保存。然后输入文档标题"会议记录"，设置其字体格式为"黑体、20号、加粗、居中对齐"。

（2）打开提供的"会议记录.txt"素材文档，复制并粘贴所有内容到"会议记录.docx"文档中。然后设置其字体格式为"宋体、五号"，段落格式为"首行缩进2字符"。

（3）在文档末添加一空行，输入记录人和日期信息，设置其对齐方式为右对齐。

（4）设置会议正文内容的前6行文本的字号为"小四"，并设置"会议主题""会议时间""地点""会议主持""出席人员""缺席人员"为"加粗"。

（5）选择所有文本，设置其段落格式为"1.2倍行距"，并设置"一、会议议题""二、会议发言""三、会议结论"的段前距和段后距为"0.5行"。

（6）将"会议发言"中的人名和"工作调整"设置为"红色、加粗"。

> **会议记录**
>
> 会议主题　中心组学习
> 会议时间　2020年8月10日
> 地　　点　集团会议室
> 会议主持　王松主任
> 出席人员　王松、李燕、张晶晶、陈生、叶一峰、张聚、李建、黄燕
> 缺席人员　张来
>
> 一、会议议题
> 　（1）关于向刘静同志学习的通知。
> 　（2）传达我公司廉政建设、积极上进的会议内容。
>
> 二、会议发言
> 王松主任：2020年第一次思想政治学习，也是中心组学习，两个重要内容，分别如下。
> 　（1）关于向刘静同志学习的通知。
> 　（2）传达我公司廉政建设、积极上进的会议内容。
> 张聚：宣读《关于开展向刘静同志学习的通知》。
> 李建：提高全公司的思想政治水平，建设学习型团队的主题发言。
> 王松主任：只有学习才能不断前进，我们部应该不断学习、积极上进。
> 王松主任：传达廉政控股公司党风廉政建设汇报会内容，布置我集团党风廉政工作内容。
> 　（1）加强强化廉政建设：正职负责廉政、副职负责部门，明确责任内容、形式，分解落实党风廉政建设责任。
> 　（2）责任考核、过失追究、权力约束、强化制度的执行力。
> 　（3）强调调动防范工作，注意防范重点岗位，强化教育、警钟长鸣。
> 张晶品经理：克风廉政建设一抓双责工作，行政干部要防微杜渐、警钟长鸣，不能给党和人民带来损失，有言必信、违章必究。
>
> 三、会议结论
> 　因李军同志退休，克风廉政建设工作由张晶晶同志负责，接下来进一步深化会议精神。
>
> 　　　　　　　　　　　　　　记录人：黄燕
> 　　　　　　　　　　　　日期：2020年8月10日

图2-43　"会议记录"文档效果

第 3 章

Word 2016 文档编辑与美化

/ 本章导读

创建文档并输入文本后，还可以对其进行编辑与美化，如添加项目符号与编号、设置边框与底纹，以及添加图片、形状或表格等。本章将详细讲解 Word 2016 文档编辑与美化的方法，以更好地满足读者的办公需求，帮助其制作出美观的办公文档。

/ 技能目标

掌握文档的编辑方法。
掌握图文混排的方法。
掌握表格的使用方法。

/ 案例展示

3.1 文档的编辑

在实际办公中制作或编辑文档时，常用项目符号、编号来突显文档内容的层次，通过边框和底纹设置页面效果，利用样式和主题美化文档内容等。本节将详细讲解文档编辑的相关知识。

3.1.1 添加项目符号和编号

项目符号一般用于表现具有并列关系的段落，编号主要用于设置具有前后顺序关系的段落，合理使用项目符号和编号可使整个文档的层次更加清晰。在Word 2016中添加项目符号和编号的方法：选择需要添加项目符号或编号的段落，在【开始】/【段落】组中单击"项目符号"按钮∷右侧的下拉按钮，在打开的下拉列表中选择一种项目符号样式，即可对选择的段落添加项目符号，如图3-1所示。单击"编号"按钮∷右侧的下拉按钮，在打开的下拉列表中选择一种编号样式，即可对选择的段落添加编号，如图3-2所示。

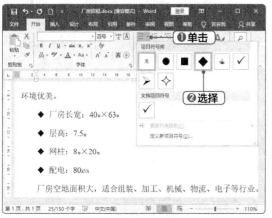

图3-1　添加项目符号

图3-2　添加编号

知识补充

自定义项目符号和编号

Word 2016中默认的项目符号和编号样式有限，如果不符合办公需要，用户可自定义项目符号和编号。自定义项目符号和编号的方法类似，这里以自定义项目符号为例进行介绍。具体操作方法为：单击"项目符号"按钮∷右侧的下拉按钮，在打开的下拉列表中选择"定义新项目符号"选项，打开"定义新项目符号"对话框，在其中设置项目符号字符的符号、图片、字体和对齐方式即可。

3.1.2 设置边框和底纹

通过"边框和底纹"对话框可以为选择的文本设置边框和底纹格式。具体操作方法：选择需设置边框和底纹的文本，在【开始】/【段落】组中单击"边框"按钮⊞右侧的下拉按钮，在打开的下拉列表中选择"边框和底纹"选项，打开"边框和底纹"对话框，在"边框"选项卡中可设置边框的样式、颜色、宽度等，在"预览"栏中可即时查看设置的效果，如图3-3所示。单击"底纹"选项卡，在其中可设置底纹颜色，如图3-4所示，完成后单击 确定 按钮即可。

图3-3 设置边框

图3-4 设置底纹

 技巧秒杀

快速应用边框和底纹

单击"边框"按钮 右侧的下拉按钮 后，在打开的下拉列表中可直接选择预设的边框样式。此外，若只需要设置简单的边框和底纹，也可以在【开始】/【字体】组中单击"字符边框"按钮和"字符底纹"按钮。

3.1.3 │ 应用样式

样式即文本的字体格式和段落格式等特性的组合。用户在编辑文档时，通过应用样式就可不必反复设置相同的格式，而只需设置一次样式即可将其应用到其他相同格式的所有文本中，提高工作效率。下面对"计算机管理规定.docx"文档进行编辑，讲解应用和编辑样式的方法。具体操作如下。

素材所在位置 素材文件\第3章\计算机管理规定.docx
效果所在位置 效果文件\第3章\计算机管理规定.docx

微课视频

STEP 1 打开"计算机管理规定.docx"文档，将光标定位在第1行文本末尾，在【开始】/【样式】组中单击"样式"按钮，在打开的下拉列表中选择"标题1"选项，如图3-5所示。

 技巧秒杀

修改样式

若需要多次应用"标题1"样式，并修改其对齐方式，可在"标题1"选项上单击鼠标右键，在弹出的快捷菜单中选择"修改"命令，在打开的对话框中修改对齐方式为居中对齐。这样，"标题1"样式将自动变为居中对齐，无须手动修改对齐方式。

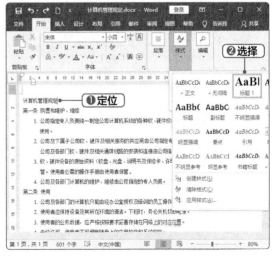

图3-5 应用"标题1"样式

STEP 2 应用"标题1"样式后，设置对齐方式为居中对齐，然后将光标定位在第2行中，在【开始】/【样式】组中单击"样式"按钮，在打开的下拉列表中选择"创建样式"选项，如图3-6所示。

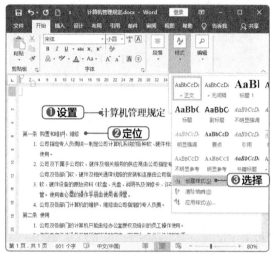

图3-6 选择"创建样式"选项

第2部分

STEP 3 打开"根据格式化创建新样式"对话框，在"名称"文本框中输入样式名称——"条例1"，单击 修改(M) 按钮进行修改，如图3-7所示。

图3-7 "根据格式化创建新样式"对话框

STEP 4 展开"根据格式化创建新样式"对话框，设置字体格式为"宋体、四号、加粗"，然后单击 格式(O)▼ 按钮，在打开的下拉列表中选择"段落"选项，如图3-8所示。

图3-8 设置样式格式

STEP 5 打开"段落"对话框，在"间距"栏中设置段前距和段后距为"1行"，如图3-9所示。完成后依次单击 确定 按钮。

图3-9 设置样式段落

STEP 6 此时第2行文本将自动应用新建的样式。将光标定位在"第二条 使用"文本处，在【开始】/【样式】组中单击"样式"按钮，在打开的下拉列表中选择"条例1"选项，为其应用相同的样式，如图3-10所示。

STEP 7 使用相同的方法，为"第三条""第四条"文本所在段落应用相同的样式，效果如图3-11所示。

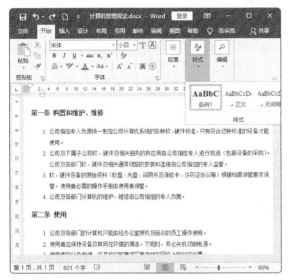

图3-10 应用新建的样式

图3-11 查看效果

3.1.4 | 应用主题

当需要使文档中的颜色、字体、格式、整体效果保持某一主题标准时，可将所需的主题应用于整个文档。操作方法：在【设计】/【文档格式】组中单击"主题"按钮，在打开的下拉列表中可选择Word 2016内置的主题样式，如图3-12所示。应用主题后，可在"文档格式"组的"样式集"列表中选择更多的内置样式，或者单击"颜色"按钮或"字体"按钮，选择同一主题标准的颜色和字体样式。

需要注意的是：若文档中的文本全部是正文，没有设置其他格式或样式，将无法通过应用主题快速改变整个文档的效果。因此，主题适合在应用了样式的文档中使用。

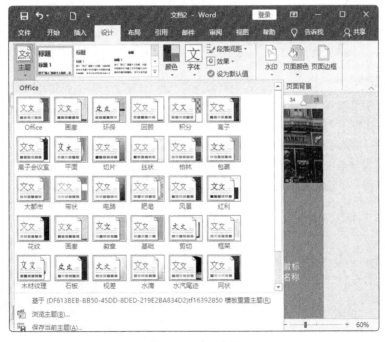

图3-12 应用主题

3.2 图文的混排

在编辑文档的过程中，不可避免地会用到图片、形状、艺术字和文本框等对象，这些对象可以丰富文档的效果，使文档版面更美观。

3.2.1 插入与编辑图片

在各类文档中，图片的使用是较为广泛的，在文档中插入并编辑图片，可以使文档更直观、生动，提升文档的美观度。在Word 2016中可以插入与编辑本地图片和联机图片，下面进行详细介绍。

1. 插入本地图片

本地图片是指保存到用户个人计算机中的图片，用户可通过网络搜索、下载图片，并将图片保存到自己的计算机中。插入本地图片的方法：将文本插入点定位到需要插入图片的位置，在【插入】/【插图】组中单击"图片"按钮，在打开的下拉列表中选择"此设备"选项，打开"插入图片"对话框，在地址栏选择保存图片的位置，然后选择需要插入的图片，单击 插入(S) 按钮，如图3-13所示，即可将图片插入目标位置。

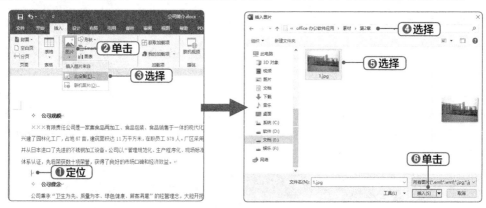

图3-13 插入本地图片

2. 插入联机图片

联机图片是指直接通过互联网搜索，无须下载到计算机中的图片。互联网上聚集了大量的图片，用户可以在联网的情况下精确地搜索到优质的图片，并将其插入文档。插入联机图片的方法：将文本插入点定位到需要插入图片的位置，在【插入】/【插图】组中单击"图片"按钮，在打开的下拉列表中选择"联机图片"选项，在"必应图像搜索"文本框中输入与要查找的图片相关的关键词，单击"搜索"按钮，打开"联机图片"对话框，选择需要的图片，单击 插入(I) 按钮即可，如图3-14所示。

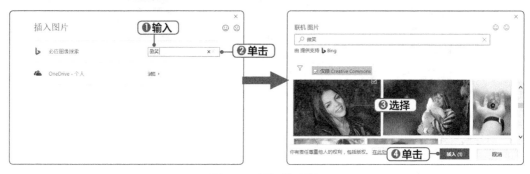

图3-14 插入联机图片

3. 编辑图片

插入图片后，可以对图片进行编辑，如复制、裁剪、移动，调整图片的效果，或对图片的环绕方式进行设置。下面在"开业简介.docx"文档中添加并编辑图片，具体操作如下。

素材所在位置 素材文件\第3章\开业简介.docx、美食1.jpg、美食2.jpg
效果所在位置 效果文件\第3章\开业简介.docx

STEP 1 打开"开业简介.docx"文档，在文档中插入素材文件夹中的"美食1.jpg""美食2.jpg"图片，效果如图3-15所示。

图3-15 插入图片的效果

STEP 2 此时可发现图片跳版严重。选择插入的第一张图片，单击图片右上角的"布局选项"按钮，在打开的下拉列表中选择"浮于文字上方"选项，如图3-16所示。

图3-16 设置图片布局

STEP 3 将鼠标指针移至图片右下角的控制点上，向上拖曳鼠标指针调整图片的大小，效果如图3-17所示。

图3-17 调整图片大小

STEP 4 保持图片的选择状态，在【图片工具 格式】/【调整】组中单击"校正"按钮，在打开的下拉列表中选择"亮度:+20% 对比度:0%（正常）"选项，如图3-18所示。

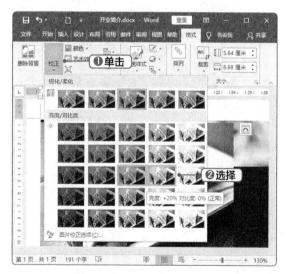

图3-18 校正图片

STEP 5 在图片上单击鼠标右键，在弹出的快捷菜单中单击"样式"按钮，在打开的下拉列表中选择"棱台形椭圆，黑色"选项，如图3-19所示。

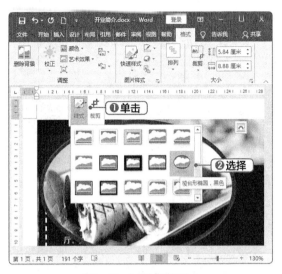

图3-19　为图片应用样式

STEP 6　在【图片工具 格式】/【图片样式】组中单击"图片边框"按钮，在打开的下拉列表中选择"白色，背景1"选项。再次单击该按钮，设置粗细为"2.25磅"，如图3-20所示。

第2部分

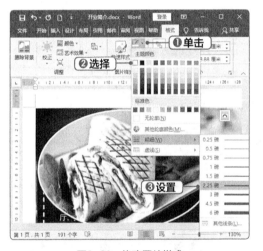

图3-20　修改图片样式

STEP 7　拖曳图片四周的控制点调整图片的大小，然后拖曳鼠标指针将图片移动到黑色底纹的右侧，效果如图3-21所示。

STEP 8　选择插入的第2张图片，在【图片工具 格式】/【排列】组中单击"环绕文字"按钮，在打开的下拉列表中选择"浮于文字上方"选项，如图3-22所示。

STEP 9　选择图片，在【图片工具 格式】/【图片样式】组中的"快速样式"下拉列表中选择"矩形投影"选项，如图3-23所示。

图3-21　调整图片的大小和位置

图3-22　设置图片环绕方式

图3-23　应用图片样式

STEP 10　拖曳图片四周的控制点调整图片的大小，然后拖曳鼠标指针移动图片的位置，将其放在第1张图片的下方，效果如图3-24所示。

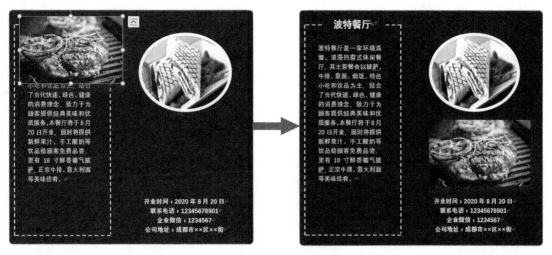

图3-24　查看效果

3.2.2 | 添加与编辑形状

Word 2016提供了多种形状绘制工具，使用这些工具可以绘制线条、正方形、椭圆、箭头、流程图、星和旗帜等形状，以丰富和完善文档内容。下面对添加与编辑形状的方法进行介绍。

1. 添加形状

添加形状的方法很简单，在【插入】/【插图】组中单击"形状"按钮 ⌖，在打开的下拉列表提供了8种类型的形状，包括线条、矩形、基本形状、箭头总汇、公式形状、流程图、星与旗帜、标注，如图3-25所示。在各类型中选择需要的形状，拖曳鼠标指针即可绘制出需要的形状，如图3-26所示。

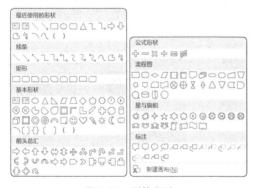

图3-25　形状类型

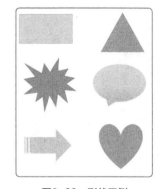

图3-26　形状示例

2. 编辑形状

编辑形状与编辑图片类似，既可以对形状的大小、位置等进行编辑，也可以编辑形状的样式、填充、轮廓、效果，以及排列方式。这些编辑操作都可以通过"绘图工具 格式"选项卡中的功能组进行，如图3-27所示，下面对常见的操作进行介绍。

图3-27　"绘图工具 格式"选项卡

● 编辑形状：单击"插入形状"组中的"编辑形状"按钮，可在打开的下拉列表中选择"更改形状"或"编辑顶点"选项，对形状进行编辑。

● 设置形状样式："形状样式"组的"快速样式"下拉列表提供了多种预设样式，用户可选择任一样式快速应用。单击其后的 形状填充 、 形状轮廓 或 形状效果 按钮还可自定义形状样式。

● 设置形状排列方式：在"排列"组中单击 位置 或 环绕文字 按钮，在打开的下拉列表中可设置形状的环绕方式；单击 上移一层 或 下移一层 按钮，可设置形状的排列顺序；单击 对齐 按钮可设置形状的对齐方式。

3.2.3 使用艺术字

艺术字是一种具有特殊效果的文字，通常用于增加文档的可视性，突出文档表达的主题。下面在"展会宣传单.docx"文档中插入并编辑艺术字，具体操作如下。

素材所在位置 素材文件\第3章\展会宣传单.docx
效果所在位置 效果文件\第3章\展会宣传单.docx

微课视频

STEP 1 打开"展会宣传单.docx"文档，将光标定位在文档任意位置，在【插入】/【文本】组中单击"艺术字"按钮，在打开的下拉列表中选择第 3 行第 3 列的样式，插入该样式的艺术字，如图 3-28 所示。

图3-28 选择艺术字样式

STEP 2 在插入的艺术字文本框中输入文本内容"环保消费品展销会"，然后在"字体"组中将字体设置为"方正兰亭中粗黑简体"，如图 3-29 所示。

STEP 3 选择艺术字文本，在【绘图工具 格式】/【艺术字样式】组中单击 文本填充 按钮，在打开的下拉列表中选择"浅绿"选项，如图 3-30 所示。使

用相同的方法，单击 文本轮廓 按钮，在打开的下拉列表中选择"茶色，背景2，深色10%"选项，为艺术字更换轮廓颜色。

图3-29 输入艺术字文本内容

STEP 4 在【绘图工具 格式】/【艺术字样式】组中单击 文本效果 按钮，在打开的下拉列表中选择"阴影"选项，在打开的子列表中选择"无"选项，取消阴影效果，如图 3-31 所示。

STEP 5 再次单击 文本效果 按钮，在打开的下拉列表中选择"映像"选项，在打开的子列表中选择"半映像：4pt 偏移量"选项，如图 3-32 所示。

第 2 部分

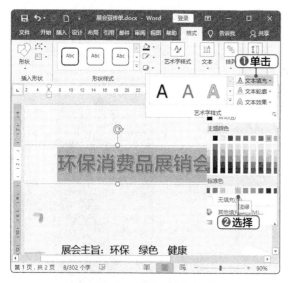

图3-30 设置艺术字的文本填充

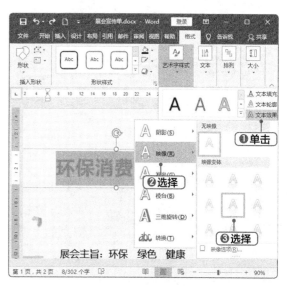

图3-32 设置投影样式

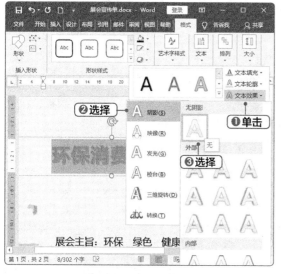

图3-31 取消阴影效果

STEP 6 再次单击 Ⓐ 文本效果▼按钮,在打开的下拉列表中选择"转换"选项,在打开的子列表中选择"正方形"选项,完成艺术字的编辑,效果如图 3-33 所示。

图3-33 查看效果

3.2.4 使用文本框

　　文本框可以被置于文档页面中的任何位置,而且文本框中可以放置图片、表格和艺术字等内容,所以使用文本框可以设计出较为特殊的文档版式。下面对插入和编辑文本框的方法进行介绍。

1. 插入文本框

　　文本框主要有两种类型:一种是 Word 2016 预设的文本框样式;另一种是自行绘制的文本框。它们的插入方法相同:在【插入】/【文本】组中单击"文本框"按钮，在打开的下拉列表中选择"内置"栏中的选项即可插入预设的文本框样式;选择"绘制横排文本框"选项或"绘制竖排文本框"选项可自行绘制横排或竖排文本框,如图 3-34 所示。

2. 编辑文本框

　　选择文本框后,可以在【绘图工具 格式】/【形状样式】组中对文本框的形状样式(如形状填充、形状轮廓、形状效果等)进行设置;在【绘图工具 格式】/【文本】组中可以对文字方向、文本对齐方式等进行设置;在【绘

图工具 格式】/【排列】组中可以对文本框的位置、环绕文字方式、顺序、对齐方式和旋转等进行设置；在【绘图工具 格式】/【大小】组中可以设置文本框的大小。具体设置方法与设置图片、形状、艺术字等类似，这里不赘述。

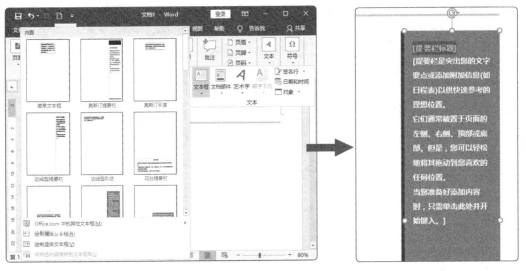

图3-34　插入文本框

3.3 表格的使用

　　表格是由多个单元格按行、列的方式组合而成的，使用表格记录信息可以使信息更加清晰明了、便于查看。Word 2016的表格功能非常强大，用户不仅可以插入相应行数、列数的表格，还可以对表格进行各种编辑和美化操作。本节将对表格的使用方法进行详细介绍。

3.3.1 创建表格

　　在Word文档中创建表格的方法非常简单，只需将光标定位到需要插入表格的位置，在【插入】/【表格】组中单击"表格"按钮，在打开的下拉列表中拖曳鼠标指针选择需要的行数、列数，然后单击即可在插入点插入表格，如图3-35所示。

　　另外，选择"插入表格"选项，打开"插入表格"对话框，在"列数"和"行数"数值框中输入对应的数值，在"'自动调整'操作"栏中设置表格列宽调整方式，单击 确定 按钮也可创建表格，如图3-36所示。

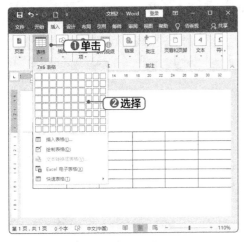

图3-35　拖曳鼠标指针创建表格

图3-36　通过"插入表格"对话框创建表格

知识补充

手动绘制表格

在【插入】/【表格】组中单击"表格"按钮▦，在打开的下拉列表中选择"绘制表格"选项，此时鼠标指针变成∥形状。在需要插入表格的位置按住鼠标左键不放并拖曳鼠标指针，出现一个以虚线框显示的表格，拖曳鼠标指针调整虚线框到适当大小后释放鼠标左键，绘制出表格的边框；按住鼠标左键从一条线的起点拖至终点释放，即可在表格中画出横线、竖线和斜线，从而将绘制的边框分成若干单元格，并形成各种各样的表格。

3.3.2 编辑表格

创建表格后可以在表格对应的单元格中输入文本，以丰富表格的内容。此外，还可以对表格进行选择、添加或删除行列、合并或拆分单元格等操作，下面分别进行介绍。

1. 选择对象

对表格中的文本或单元格进行编辑，通常需要先选择其中的文本，选择表格中的文本和在Word文档中选择普通文本的操作相同，通过拖曳鼠标指针即可完成选择。如果要选择表格的某一行、列或整个表格，则可采用以下方法。

- **选择表格的某一行、列：**将鼠标指针移到表格某一列的上方或某一行的左方，鼠标指针会变为↓或↗形状，单击可选择该列或该行。
- **选择整个表格：**将鼠标指针移至表格上时，表格左上角会出现⊞图标，单击该图标可选择整个表格。

2. 添加或删除行列

添加表格行或列的操作基本相同，添加行或列时，先将文本插入点定位在表格中要添加行列的单元格中，然后在【表格工具 布局】/【行和列】组中单击"在上方插入"按钮▦、"在下方插入"按钮▦、"在左侧插入"按钮▦或"在右侧插入"按钮▦，即可插入相应的行或列。

删除行或列时，先选择需要删除的行或列，然后在【表格工具 布局】/【行和列】组中单击"删除"按钮▦，在打开的下拉列表中选择相应的删除选项即可。

知识补充

使用鼠标右键添加或删除行、列

在需要添加行或列的位置单击鼠标右键，在弹出的快捷菜单中选择"插入"命令，在弹出的子菜单中选择对应的命令可添加行或列。若需要删除某个单元格，在该单元格处单击鼠标右键，在弹出的快捷菜单中选择"删除单元格"命令，打开"删除单元格"对话框，选中需删除的位置即可。

3. 合并或拆分单元格

有些表格的表头包含多列或多行内容，此时为了使表格整体看起来更直观，可合并相应的单元格，也可根据需要拆分单元格。合并和拆分单元格的方法分别如下。

- **合并单元格：**选择要合并的单元格后单击鼠标右键，在弹出的快捷菜单中选择"合并单元格"命令。
- **拆分单元格：**将文本插入点定位到要拆分的单元格中并单击鼠标右键，在弹出的快捷菜单中选择"拆分单元格"命令，在打开的"拆分单元格"对话框中输入要拆分的行数、列数后单击 确定 按钮，如图3-37所示。

图3-37 拆分单元格

此外，在【表格工具 布局】/【合并】组中单击"合并单元格"按钮▦、"拆分单元格"按钮▦或"拆分表格"按钮▦，也可进行对应的操作。

3.3.3 设置表格属性

在表格中输入相关数据后还可以对表格的属性进行设置，操作方法为：选择表格，在【表格工具 布局】/【表】组中单击"属性"按钮，或单击鼠标右键，在弹出的快捷菜单中选择"表格属性"命令，打开"表格属性"对话框，如图3-38所示。该对话框中有5个选项卡，分别可对表格、行、列、单元格和可选文字的属性进行设置，下面分别进行介绍。

- **"表格"选项卡**："尺寸"栏用于设置表格的宽度；"对齐方式"栏主要用于设置表格与文本的对齐方式，以及表格的左缩进值；"文字环绕"栏主要用于设置文本在表格周围的环绕方式。
- **"行"选项卡**：选中"指定高度"复选框，然后在"行高值是"下拉列表中选择"固定值"选项，再在左侧"指定高度"数值框中输入行高值，便可设置整个表格的行高。
- **"列"选项卡**：选中"指定宽度"复选框，然后在"度量单位"下拉列表中选择"固定值"选项，再在左侧"指定宽度"数值框中输入列宽值，便可设置整个表格的列宽。
- **"单元格"选项卡**：可以设置单元格字号大小和数值的垂直对齐方式等。
- **"可选文字"选项卡**：在"标题"和"说明"文本框中输入文本，可提供表格、图示、图像和其他对象中包含的信息。

图3-38 "表格属性"对话框

3.3.4 设置表格格式

完成表格属性的设置后，还可以对表格格式进行设置，使表格和文档更美观。设置表格格式的方法：选择需要设置格式的单元格或整个表格，在【表格工具 设计】/【表格样式】组的"快速样式"下拉列表中可选择Word 2016预置的表格样式，如图3-39所示。

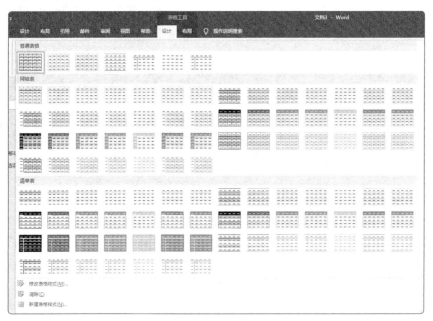

图3-39 应用表格样式

用户也可选择"新建表格样式"选项自定义表格样式，或选择"修改表格样式"选项修改表格样式。当然，用户也可以通过边框和底纹快速进行表格样式的修改，其操作方法与文本样式设置类似，这里不赘述。

3.4 课堂案例：制作"个人求职简历"文档

个人求职简历是求职者个人信息的简要介绍，包含求职者的姓名、性别、年龄、民族、籍贯、政治面貌、学历、联系方式，以及自我评价、工作经历、学习经历、荣誉与成就、求职愿望、对工作的简要理解等内容。求职简历的内容与美观度在一定程度上影响着求职者能否获得面试的机会，因此学会制作求职简历非常重要。

3.4.1 案例目标

个人求职简历应结构清晰、内容完整、版面美观，因此，我们要灵活应用图片、形状、文本框等元素来丰富简历内容，美化简历效果。本案例将制作"个人求职简历"文档，综合练习本章介绍的知识，完成后的参考效果如图3-40所示。

图3-40 "个人求职简历"文档效果

 素材所在位置 素材文件\第3章\照片.jpg
效果所在位置 效果文件\第3章\个人求职简历.docx

微课视频

3.4.2 制作思路

要完成本案例的制作，需要先搭建简历的框架，再添加文本与图片，在这个过程中会用到形状、图片、编号、文本框等元素，具体制作思路如图3-41所示。

第 **3** 章 Word 2016 文档编辑与美化

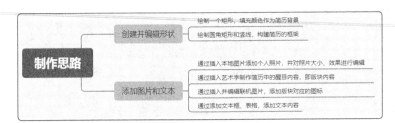

图3-41　制作思路

3.4.3　操作步骤

1. 创建并编辑形状

下面先新建"个人求职简历.docx"文档，并通过绘制与编辑形状搭建求职简历的框架，具体操作如下。

STEP 1　新建一个名为"个人求职简历"的空白Word文档，在【插入】/【插图】组中单击"形状"按钮，在打开的下拉列表中选择"矩形"栏中的第1个选项，如图3-42所示。

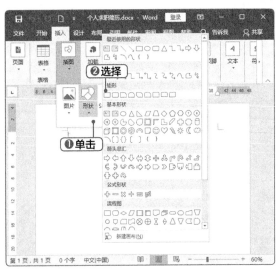

图3-42　选择矩形形状

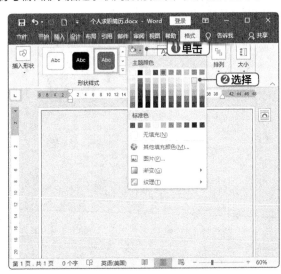

图3-43　绘制矩形并设置填充颜色

STEP 2　拖曳鼠标指针从文档左上角至右下角绘制一个矩形，然后在【绘图工具 格式】/【形状样式】组中单击"形状填充"按钮，在打开的下拉列表中选择"蓝色，个性色5，淡色80%"选项，如图3-43所示。

STEP 3　在【绘图工具 格式】/【形状样式】组中单击"形状轮廓"按钮，在打开的下拉列表中选择"无轮廓"选项，如图3-44所示。

STEP 4　再次单击【插入】/【插图】组中的"形状"按钮，在打开的下拉列表中选择"矩形"栏中的"圆角矩形"选项，如图3-45所示。

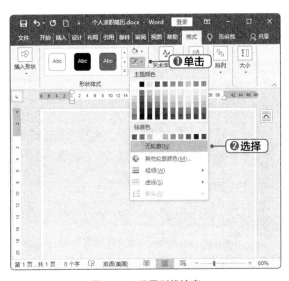

图3-44　设置形状轮廓

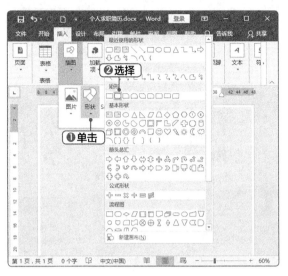

图3-45 选择"圆角矩形"选项

图3-46 绘制并编辑圆角矩形

STEP 5 拖曳鼠标指针在页面左侧绘制一个圆角矩形，设置其形状填充为"白色，背景 1"，形状轮廓为"无轮廓"，适当调整其位置和大小，效果如图3-46所示。

STEP 6 复制并粘贴形状，适当调整其位置和大小，将其放置在文档的其他位置，效果如图 3-47 所示。使用相同的方法，绘制一条竖线，设置其形状轮廓为"蓝色，个性色 5，淡色 60%"，效果如图3-48 所示。

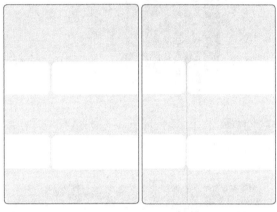

图3-47 复制并调整形状　　图3-48 绘制竖线

2. 添加图片和文本

搭建好简历的框架后，即可填写简历内容，下面主要通过插入图片、艺术字、文本框和表格来进行操作，具体操作如下。

STEP 1 单击【插入】/【插图】组中的"图片"按钮，在打开的下拉列表中选择"此设备"选项，打开"插入图片"对话框，选择"照片.jpg"图片，单击 插入(S) ▼ 按钮，如图 3-49 所示。

图3-49 插入图片

STEP 2 在【图片工具 格式】/【排列】组中单击"环绕文字"按钮，在打开的下拉列表中选择"浮于文字上方"选项，如图 3-50 所示。

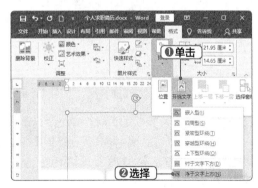

图3-50 设置图片环绕方式

STEP 3 将鼠标指针移至图片右下角的控制点上，向上拖曳鼠标指针缩小图片，然后单击【图片工具 格式】/【大小】组中的"裁剪"按钮，裁剪图片，只保留人物主体部分。然后单击【图片工具 格式】/【调整】组中的"校正"按钮 ☀，在打开的下拉列表中选择"亮度 :+20% 对比度 :0%（正常）"选项，如图 3-51 所示。

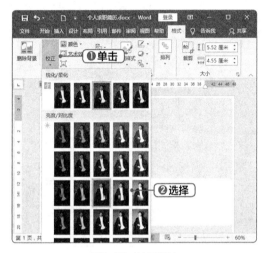

图3-51　校正图片

STEP 4　在【图片工具 格式】/【图片样式】组中的"快速样式"下拉列表中选择"圆形对角，白色"选项，图 3-52 所示为图片应用样式。

图3-52　应用图片样式

STEP 5　在【插入】/【文本】组中单击"艺术字"按钮 Ａ，在打开的下拉列表中选择第 1 行第 2 列的样式，插入该样式的艺术字，如图 3-53 所示。

STEP 6　将艺术字的文本修改为"个人简介"，字号设置为"小一"。复制并粘贴 3 次该艺术字，分别将文本修改为"教育经历""工作经历""自我评价"，并将"教育经历"和"自我评价"的文本填充和文本轮廓都设置为"白色，背景 1"，然后移动到图 3-54所示的位置。

图3-53　插入艺术字

图3-54　编辑艺术字

STEP 7　在【插入】/【插图】组中单击"图片"按钮 ，在打开的下拉列表中选择"联机图片"选项，在打开的对话框中输入"信息图标"，按【Enter】键进行搜索。在搜索结果中选择图 3-55 所示的图片，单击 插入(1) 按钮。

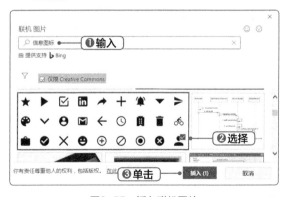

图3-55　插入联机图片

STEP 8 设置图片的环绕方式为"浮于文字上方"，并裁剪图片，效果如图 3-56 所示。用同样的方法为其他 3 个艺术字文本添加对应的图片，效果如图 3-57 所示（若背景不是白色，需要对图片执行删除背景的操作）。

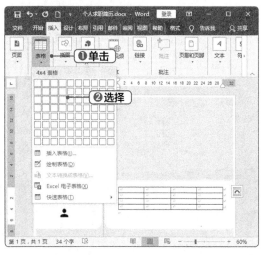

图3-58 创建表格

图3-56 查看效果　图3-57 继续添加对应图片

STEP 9 在【插入】/【文本】组中单击"文本框"按钮，在打开的下拉列表中选择"绘制横排文本框"选项，拖曳鼠标指针绘制一个文本框，并设置形状轮廓为"无轮廓"。

STEP 10 将光标定位在文本框中，单击【插入】/【表格】组中的"表格"按钮，在打开的下拉列表中拖曳鼠标指针选择"4×4"选项，如图 3-58 所示。设置表格的边框为"无边框"。

STEP 11 使用相同的方法，在文档中插入文本框，输入相应文本，并为"工作职责"对应的文本设置编号，效果如图 3-59 所示。

图3-59 添加文本框并输入文本

3.5 强化实训

本章介绍了Word 2016文档编辑与美化的方法，下面通过两个项目实训，帮助读者强化本章所学知识。

3.5.1 制作"招聘启事"文档

招聘启事是用人单位面向社会公开招聘员工时使用的一种应用文书，是企业获得社会人才的一种方式。招聘启事的内容与美观度影响着用人单位的形象，用人单位在制作招聘启事时，要突出主题，将招聘信息清晰地展示给大众。

【制作效果与思路】

完成本实训需要添加并编辑形状、艺术字和图片，并插入文本框输入文本，设置文本的字体、段落格式并设置编号，效果如图3-60所示。具体制作思路如下。

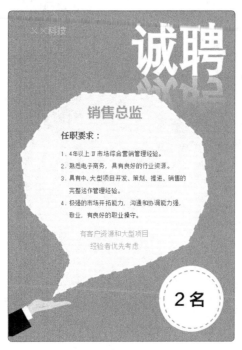

图3-60 "招聘启事"文档效果

 素材所在位置 素材文件\第3章\手.png
效果所在位置 效果文件\第3章\招聘启事.docx

微课视频

（1）新建"招聘启事.docx"文档，绘制一个页面大小的矩形，并设置其形状填充为"浅蓝"，形状轮廓为"无轮廓"。

（2）插入"手.png"图片，设置其绕排方式为"浮于文字上方"，调整其大小并水平翻转，放置在页面左下角。

（3）绘制一个"对话气泡:矩形"的标注形状，在【绘图工具 格式】/【插入形状】组中单击 编辑形状 按钮，在打开的下拉列表中选择"编辑顶点"选项，拖曳鼠标指针修改标注的形状，然后设置该标注形状的形状填充为"#F2F7FC"，形状轮廓为"白色，背景1；短画线；4.5磅"。

（4）在页面右下角绘制一个"无轮廓"，形状填充为"白色，背景1"的圆形。复制该形状并缩小，调整其形状填充为"无填充"，形状轮廓为"浅蓝"。

（5）插入一个艺术字样式，设置其文本填充和文本轮廓都为"白色，背景1"，取消阴影效果，设置映像为"半映像 4:偏移量"，并为其应用转换"正方形"效果，然后适当调整艺术字的大小。

（6）插入文本框，取消文本框的形状填充和形状轮廓，在其中输入文本。其中，"任职要求"对应的文本需要设置自动编号。

3.5.2 制作"员工信息登记表"文档

员工信息登记表常通过由纵横交错的线条绘制而成的表格来记录并展示员工的信息，以便用人单位在招用、调配、培训、考核、奖惩和任用员工时进行员工信息的查看和记录。

【制作效果与思路】

完成本实训需要灵活应用表格的相关操作，包括创建表格、调整表格行列、合并单元格等，效果如图3-61所示。具体制作思路如下。

图3-61 "员工信息登记表"文档效果

 素材所在位置 效果文件\第3章\员工信息登记表.docx

（1）新建"员工信息登记表.docx"文档，输入标题文本"员工信息登记表"，并将其格式设置为"宋体、小三、居中"。

（2）插入12行7列的表格，对第1行的前3列进行合并，对第1行的第4~6列进行合并，对第8~12行的第2~7列进行合并，对第7列的前5行进行合并，分别对第6、第7行的第2~4列进行合并，分别对第6、第7行的第6、第7列进行合并。

（3）调整单元格的行高和列宽，最后输入文本完成操作。

3.6 知识拓展

下面对Word 2016文档编辑与美化的一些拓展知识进行介绍，以帮助读者更好地进行文档的操作。

1. 使用SmartArt图形

SmartArt图形是信息和观点的视觉表示形式，它可以通过多种不同的布局来进行信息的快速布局与传递，使图示信息表达更加专业。在Word 2016中插入SmartArt图形的方法与插入图片和形状类似，只需在【插入】/【插图】组中单击"SmartArt"按钮 ，在打开的对话框中选择需要的图形样式即可。插入SmartArt图形并输入基本内容后，可根据情况在"SmartArt工具 设计"选项卡对应的功能区中对其进行设置，图3-62所示为该选项卡的组成。

- **"创建图形"组：** 单击 添加形状 右侧的下拉按钮 ，在打开的下拉列表中可选择对应的选项，在不同位置添加形状。在该组中单击相应按钮还可以移动各形状的位置、调整级别等。
- **"版式"组：** 在其下拉列表中可选择SmartArt图形布局样式，也可选择"其他布局"选项，打开"选择SmartArt图形"对话框，重新设置SmartArt图形的布局样式。

● **"SmartArt样式"组**：在其下拉列表中可选择三维效果等样式，单击"更改颜色"按钮，可以设置SmartArt图形的颜色效果。

图3-62 "SmarArt工具 设计"选项卡

2. 排序表格数据

Word 2016虽然不是专门的表格数据处理软件，但对其表格中的数据，同样可以进行排序操作。操作方法：将文本插入点定位到表格的某一单元格中，在【表格工具 布局】/【数据】组中单击"排序"按钮，打开"排序"对话框，若表格有标题行，则应首先选中"有标题行"单选项（若无标题行，则选中"无标题行"单选项）；然后设置主要关键字、次要关键字和第三关键字，设置关键字的类型及使用方式，并选择升序或降序，最后单击 确定 按钮。

3. 普通文本与表格间的相互转换

在Word 2016中文本与表格可进行相互转换，具体操作方法如下。

● **将普通文本转换为表格内容**：选择要转换成表格的所有文本，在【插入】/【表格】组中单击"表格"按钮，在打开的下拉列表中选择"文本转换成表格"选项，打开"将文字转换成表格"对话框；选中"固定列宽""根据内容调整表格""根据窗口调整表格"单选项之一，以设置表格列宽，同时系统会在"文字分隔位置"栏自动选中文本中使用的分隔符，如果不正确可以重新选择，完成设置后单击 确定 按钮即可。

● **将表格内容转换为普通文本**：选择需要转换为文本的单元格，如果需要将整个表格转换为文本，则只需单击表格的任意单元格，在【表格工具 布局】/【数据】组中单击"转换为文本"按钮，打开"表格转换成文本"对话框，选择文字分隔符并单击 确定 按钮即可。需要注意的是，选择任意一种文字分隔符都可以将表格转换成文本，只是转换生成的文本的排版方式或添加的标记符号有所不同。最常用的文字分隔符是"段落标记"和"制表符"。

3.7 课后练习

本章主要介绍了Word 2016的文档编辑、图文混排和表格的使用等知识，读者应加强对该部分知识的练习与应用。下面通过两个练习，帮助读者巩固该部分知识。

练习1 制作"产品宣传单"文档

产品宣传单用于展示产品信息，需要灵活应用图形和文字等元素进行制作。"产品宣传单"文档制作完成后的效果如图3-63所示。

素材所在位置 素材文件\第3章\产品背景\
效果所在位置 效果文件\第3章\产品宣传单.docx

微课视频

操作要求如下。

（1）新建一个空白文档，以"产品宣传单"为名进行保存，并在文档中插入"产品背景"文件夹中的

"1.jpg"图片，设置图片环绕方式为"衬于文字下方"，调整其大小并将其置于文档顶部。

（2）在文档左侧插入颜色为"红色，个性色2"的矩形，设置其环绕方式为"衬于文字上方"，然后使用相同的方法在该矩形下方依次插入3个同色系的矩形。

（3）插入艺术字样式中第3行第4列的艺术字样式，输入文本"花蜜面膜"，设置文本格式为"方正兰亭中粗黑，58"，放在矩形的上方。

（4）插入一个5行3列的表格，取消表格边框，设置表格文字环绕属性，然后设置第一列的填充颜色为"红色，个性色，淡色80%"，在表格其余单元格中输入文本，设置文本格式。

（5）使用相同的方法，依次添加"产品背景"文件夹中的其他图片，并设置其环绕方式、大小和位置。

图3-63 "产品宣传单"文档效果

练习 2 | 制作"社群活动海报"文档

活动海报用于介绍活动信息，应有明确的活动主题和活动时间。本练习将制作"社群活动海报"文档，要求创建文档、绘制形状、添加文本框和图片、输入文本并设置文本格式，参考效果如图3-64所示。

 素材所在位置　素材文件\第3章\活动海报\
效果所在位置　效果文件\第3章\社群活动海报.docx

微课视频

操作要求如下。

（1）新建"社群活动海报.docx"文档，在文档中绘制一个填充颜色为"#5ca227"的矩形，编辑其顶点，调整形状样式。使用相同的方法，绘制一个填充颜色为"#FFD306"的矩形，编辑其顶点，最后再绘制一个填充颜色为"#262626"的矩形，调整其形状样式。

（2）在文档右上角绘制一个填充颜色为"#C6E121"的正圆，然后绘制粗细为"0磅"、填充颜色为"白色，背景1"的曲线，编辑顶点调整其形状。最后再绘制一个填充颜色为"白色，背景1，深色25%"的新月形，调整其大小和位置。

（3）插入3个文本框，取消文本框填充和轮廓效果，分别输入文本"网球""运动""聚会"，并分别设置其文本格式为"方正兰亭细黑、60""方正兰亭细黑、72、加粗""方正兰亭中粗黑简体、80"。

（4）使用相同的方法再插入一个文本框，输入文本，设置标题文本格式为"方正兰亭中粗黑简体、二号"，正文文本格式为"方正兰亭细黑、四号、加粗"。

（5）添加"活动海报"文件夹中的"二维码.png"和"拦网.png"图片，调整图片大小，并删除"拦网.png"的背景，设置填充颜色为"绿色，个性色6，浅色"。

图3-64 "社群活动海报"文档效果

第2部分

第2部分

第4章

Word 2016 文档排版、审阅与打印

/ 本章导读

在日常办公中，文档的排版、审阅对部分用户来说是有一定难度的。本章将对文档的排版进行详细介绍，如设置页面大小、方向、分栏、页眉和页脚、目录和封面，然后再介绍审阅、修订和打印文档的相关知识，帮助读者更好地制作出符合办公要求的文档。

/ 技能目标

掌握文档版面的设置方法。

掌握文档的审阅和修订方法。

掌握文档的打印方法。

/ 案例展示

4.1 文档版面的设置

在制作Word文档时，需要根据文档的要求对文档页面的大小、方向、页边距、分栏、页眉和页脚、页码等进行设置，当制作长文档时，还需要添加目录和封面使文档结构更完整。本节将详细讲解文档版面设置的相关知识。

4.1.1 设置页面大小和方向

不同的文档对页面大小和方向的要求不同，用户可根据需要设置页面的大小和方向，具体设置方法如下。

● **设置页面大小**：在【布局】/【页面设置】组中单击"纸张大小"按钮，在打开的下拉列表中选择需要的页面大小，如图4-1所示。用户也可选择"其他纸张大小"选项，打开"页面设置"对话框，单击"纸张"选项卡，在"纸张大小"栏的"宽度"和"高度"数值框中自定义页面的大小，如图4-2所示。

● **设置页面方向**：在【布局】/【页面设置】组中单击"纸张方向"按钮，在打开的下拉列表中可选择"纵向"或"横向"选项，改变页面的方向。

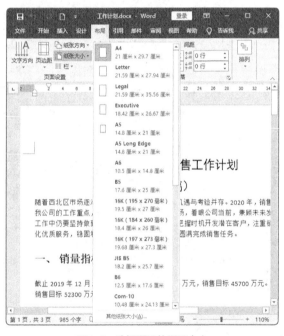

图4-1 选择预设的页面大小

图4-2 自定义页面大小

4.1.2 设置页边距

页边距是指页面四周的空白区域，也就是页面边线到文字的距离。Word 2016允许用户自定义页边距，具体方法为：在【布局】/【页面设置】组中单击"页边距"按钮，在打开的下拉列表中选择预设的页边距效果，如图4-3所示。用户也可选择"自定义边距"选项，打开"页面设置"对话框，在"页边距"选项卡中自定义上、下、左、右、装订线、装订线位置等参数，如图4-4所示。

图4-3　应用预设的页边距

图4-4　自定义页边距

4.1.3 设置页面分栏

分栏是指按实际排版需求将页面内容分成若干个板块，从而使整个页面布局显得错落有致，使阅读更方便。其设置方法是：选择需要设置分栏的文本,在【布局】/【页面设置】组中单击"栏"按钮 ≡，在打开的下拉列表中可选择"一栏""两栏""三栏""偏左""偏右"快速应用预设的分栏效果，如图4-5所示。用户也可选择"更多栏"选项，打开"栏"对话框，在"栏数"数值框中输入需要的分栏数目，在"宽度和间距"栏中设置每一栏的宽度和间距，选中"栏宽相等"复选框还可均分每一栏的宽度和间距，完成后单击 确定 按钮，如图4-6所示。

图4-5　应用预设的分栏效果

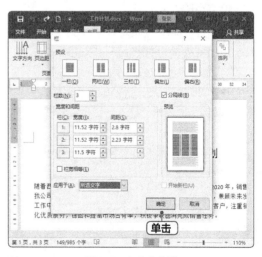

图4-6　自定义分栏

4.1.4 设置页眉、页脚和页码

页眉和页脚分别位于文档中每个页面的顶部和底部区域。在日常办公中，页眉主要用于放置文档的附加信息，如时间、公司标志、文档标题、文件名或作者姓名等；页脚主要用于放置页码、日期等。页码一般与页眉、页脚结合使用，下面分别对其设置方法进行介绍。

第**4**章　Word 2016文档排版、审阅与打印

1. 设置页眉

设置页眉的方法为：在【插入】/【页眉和页脚】组中单击"页眉"按钮 ，在打开的下拉列表中可选择 Word 2016预设的页眉样式，如图4-7所示，或选择"编辑页眉"选项进入页眉编辑状态，在其中可输入文字、添加图形对象、自定义页眉效果。

2. 设置页脚

设置页脚的方法与设置页眉类似，只需在【插入】/【页眉和页脚】组中单击"页脚"按钮 ，在打开的下拉列表中可选择Word 2016预设的页脚样式，如图4-8所示，或选择"编辑页脚"选项进入页脚编辑状态，在其中可输入文字、添加图形对象、自定义页脚效果。

图4-7 设置页眉

图4-8 设置页脚

3. 设置页码

在【插入】/【页眉和页脚】组中单击"页码"按钮 ，或在编辑页眉、页脚的状态下，在【页眉和页脚工具 设计】/【页眉和页脚】组中单击"页码"按钮 ，在打开的下拉列表中可选择"页面顶端""页面底端""页边距""当前位置"等选项设置预设的页码效果。选择"设置页码格式"选项，将打开"页码格式"对话框，在其中可以自定义页码的格式，包括编号格式、章节号、页码编号等，如图4-9所示。

需要注意的是：若不在编辑页眉、页脚的状态下设置页码，页码将不会在文档的每一页中显示。

图4-9 "页码格式"对话框

知识补充

退出与删除页眉、页脚和页码

在【页眉和页脚工具 设计】/【关闭】组中单击"关闭页眉和页脚"按钮 可退出页眉和页脚编辑状态，此时可返回文档查看设置页眉、页脚后的效果。此外，单击"页眉"按钮 、"页脚"按钮 或"页码"按钮 后，在打开的下拉列表中选择"删除页眉""删除页脚""删除页码"，可删除对应的内容。

4.1.5 添加目录

目录是一种常见的文档索引方式，可帮助用户快速知晓当前文档的主要内容，并快速查找和定位至需要内容的页码。在Word 2016中，可以对添加了样式的文本进行查找，从而提炼其内容和页码。添加目录的方法是：将文本插入点定位到需要添加目录的位置，在【引用】/【目录】组中单击"目录"按钮，在打开的下拉列表的"内置"栏中可选择预设的目录样式。应用目录样式后，即可看到添加目录后的效果，选择目录，按住【Ctrl】键，单击标题文本，将直接跳转到该标题所在的文档页面，如图4-10所示。选择"自定义目录"选项，可打开"目录"对话框自定义目录格式。

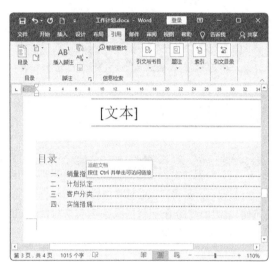

图4-10　添加目录

4.1.6 设置封面

在制作策划方案、员工手册、报告、论文等长文档时，需要为文档添加封面，以提升文档的专业性与美观性。Word 2016提供了多种精美的封面效果，可直接应用，其方法是：在【插入】/【页面】组中单击"封面"按钮，在打开的下拉列表的"内置"栏中选择需要的封面样式，然后返回文档，在其中修改文档标题、副标题、作者、公司名称、公司地址、日期等信息，如图4-11所示。

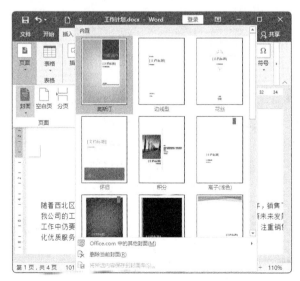

图4-11　设置封面

第 4 章　Word 2016文档排版、审阅与打印用户若对文档中插入的封面效果不满意，需要删除当前封面，可在【插入】/【页面】组中单击"封面"按钮 ，在打开的下拉列表中选择"删除当前封面"选项。

知识补充

设置页面背景

在【设计】/【页面背景】组中单击"页面颜色"按钮 ，在打开的下拉列表中可设置页面的背景颜色，如纯色、渐变色、纹理、图案或图片等。

4.2 文档的审阅和修订

在办公中，经常需要审阅文档并进行批注和修订，以优化文档内容。本小节将详细讲解文档审阅和修订的相关知识。

4.2.1 在大纲视图中查阅文档

大纲视图就是将文档的标题进行缩进，以不同的级别展示标题在文档中的结构。当一篇文档过长时，用户可使用Word 2016提供的大纲视图来帮助其组织并管理文档。在大纲视图中查阅文档的方法是：在【视图】/【视图】组中单击"大纲"按钮 ，将视图模式切换到大纲视图。在【大纲显示】/【大纲工具】组中的"显示级别"下拉列表中可选择需要查看的级别内容，如选择"2级"选项，将查看所有2级标题文本，如图4-12所示。双击大纲段落左侧的 ⊕ 标记，可展开下面的内容。

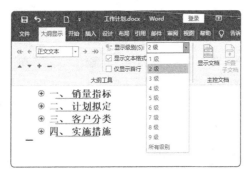

图4-12 在大纲视图中查阅文档

4.2.2 拼写和语法检查

在输入文本内容时，有时字符下方会出现红色或绿色等颜色的波浪线，这表示Word 2016认为这些字符出现了拼写或语法错误。在一定的语言范围内，利用Word 2016的拼写检查功能，能自动检测字符的拼写或语法有无错误，便于及时检查并纠正错误。下面对"行政部管理制度.docx"文档进行拼写和语法检查，具体操作如下。

素材所在位置 素材文件\第4章\行政部管理制度.docx
效果所在位置 效果文件\第4章\行政部管理制度.docx

 微课视频

STEP 1 打开"行政部管理制度.docx"文档,将文本插入点定位到文档正文第一行行首,然后在【审阅】/【校对】组中单击"拼写和语法"按钮,如图4-13所示。

图4-13 单击"拼写和语法"按钮

STEP 2 打开"语法"任务窗格,在其中的列表中显示了相关错误信息,查看文档中对应的位置,若确实存在错误则直接在文档页面进行修改。这里将"向丰管领导负责"改为"由主管领导负责",然后单击 继续(S) 按钮继续进行检查,如图4-14所示。

图4-14 修改错误内容并继续检查

STEP 3 用 Word 2016 继续检查文档内容,并定位到下一处有问题的内容,此处将"检杳"修改为"检查",单击 继续(S) 按钮,如图4-15所示。

STEP 4 定位到下一处有问题的位置,若确定此时显示错误的语法无须修改,则可单击 忽略(I) 按钮,系统将自动显示下一个错误语法,如图4-16所示。

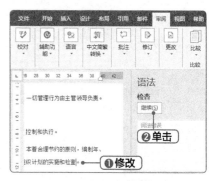

图4-15 修改文本

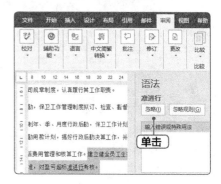

图4-16 忽略问题

STEP 5 使用相同的方法继续检查文档内容,当处理完文档中的错误后,系统将打开提示对话框提示完成检查,单击 确定 按钮完成拼写和语法检查,如图4-17所示。

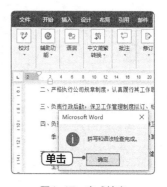

图4-17 完成检查

4.2.3 添加批注

批注是指审阅时对文档添加的注释,用于标注文档中存在的一些问题。在Word 2016中添加批注的方法是:选择要设置批注的文本,在【审阅】/【批注】组中单击"新建批注"按钮,Word 2016将自动为选择的文本添加红色底纹,并用引线连接页边距上的批注框,用户可在批注框中输入批注内容,如图4-18所示。

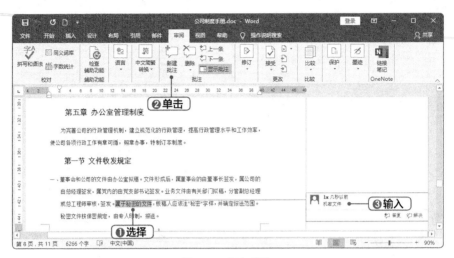

图4-18　添加批注

4.2.4　修订文档

修订是指对文档做的每一个编辑的位置标记。在对Word文档进行修订时，应先进入修订状态对文档进行修改操作，完成后即可以修订标记来显示所做的修改。修订文档的具体方法为：在【审阅】/【修订】组中单击"修订"按钮下方的下拉按钮，在打开的下拉列表中选择"修订"选项，进入修订状态。在文档中进行修改，在修改后原位置会显示修订的结果，并在左侧出现一条竖线，表示该处进行了修订，如图4-19所示。完成后再次单击"修订"按钮退出修订状态，否则文档中的任何操作都会被视为修订操作。

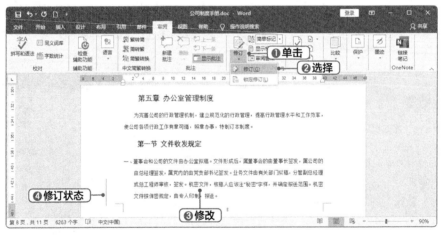

图4-19　修订文档

4.3　文档的打印

设置好页面版式，审阅并确认文档无误后，即可将文档打印出来。本节将介绍文档打印的相关知识，帮助读者更好地呈现文档最终效果。

4.3.1　预览文档打印效果

打印预览可帮助用户及时发现文档中的错误并加以更正，以免浪费纸张。其方法是：选择【文件】/【打印】

命令，打开"打印"界面，在界面右侧可预览文档的打印效果，如图4-20所示。其中，"上一页"按钮◀和"下一页"按钮▶用于进行文档页面的切换，方便用户查看不同页面的打印效果。 70% ──┼──── + 用于控制页面的显示比例， 70% 表示文档目前的比例；单击"缩小"按钮 ━ 可缩小页面显示比例；单击"放大"按钮 + 可放大页面显示比例。用户可根据页面内容调整显示比例，完整查看文档效果。

图4-20　预览文档打印效果

4.3.2 │ 设置打印机属性

在打印文档前，用户应先设置打印机属性。具体设置方法是：在"打印"界面左侧选择"打印机属性"选项，打开打印机属性对话框，在"基本"选项卡中可对纸张大小、方向、份数、介质类型、分辨率、多页、双面打印等打印属性进行设置，在"高级"选项卡中可设置缩放、反转打印、使用水印、页眉页脚打印、省墨模式、保密打印等，如图4-21所示。

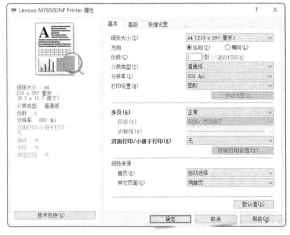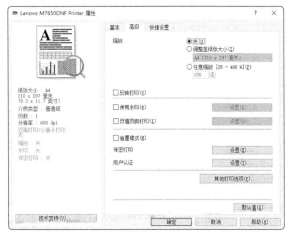

图4-21　设置打印机属性

4.3.3 打印文档

完成所有设置后即可打印文档，在"打印"界面中的"份数"数值框中输入打印的份数，在"打印机"下拉列表中选择打印机，单击"打印"按钮 🖶 即可打印文档。

4.4 课堂案例：编辑"产品说明书"文档

产品说明书是对产品相关信息的详细表述，便于用户认识并了解产品。产品说明书主要由标题、正文和落款3部分组成，常由产品部门的工作人员编写，并将其整理成册供人们查阅。

4.4.1 案例目标

产品说明书应当内容真实、条理清晰、结构简明，同时要体现出企业或产品的信息，因此要灵活应用页面版面设置，并对其进行审阅，确保其效果美观、内容正确。本案例将对"产品说明书"文档进行编辑，综合练习本章介绍的知识，完成后的参考效果如图4-22所示。

| | **素材所在位置** | 素材文件\第4章\Logo.png、水.png、产品说明书.docx | 微课视频 |
| | **效果所在位置** | 效果文件\第4章\产品说明书.docx | |

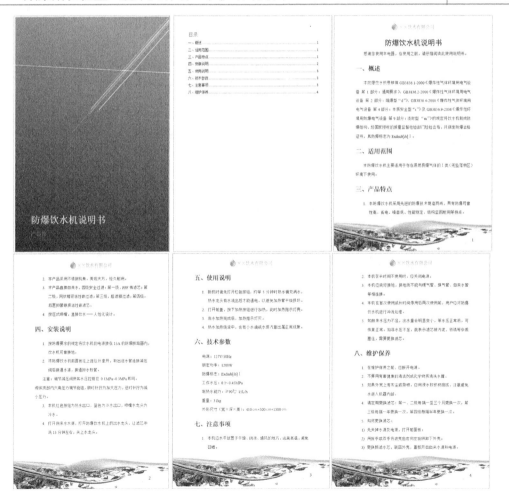

图4-22 "产品说明书"文档效果

4.4.2 制作思路

要完成本案例的制作，需要先对文档的版面进行设置，包括设置页边距、页眉、页脚和页码等，然后审阅并修改文档，最后设置页面背景并添加封面和目录。具体制作思路如图4-23所示。

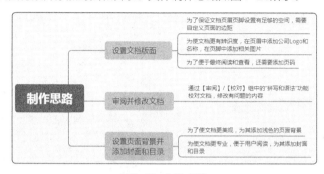

图4-23 制作思路

4.4.3 操作步骤

1. 设置文档版面

下面对"产品说明书.docx"文档的版面进行设置，具体操作如下。

STEP 1 打开"产品说明书.docx"文档，在【布局】/【页面设置】组中单击"页边距"按钮，在打开的下拉列表中选择"自定义边距"选项，如图4-24所示。

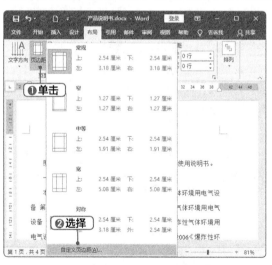

图4-24 选择"自定义边距"选项

图4-25 设置页边距

STEP 2 打开"页面设置"对话框，设置上边距为"2.6 厘米"，下边距为"4 厘米"，如图4-25所示。单击 确定 按钮完成设置。

STEP 3 在【插入】/【页眉和页脚】组中单击"页眉"按钮，在打开的下拉列表中选择"编辑页眉"选项进入页眉编辑状态，如图4-26所示。

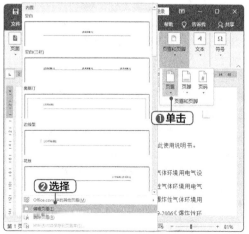

图4-26 选择"编辑页眉"选项

STEP 4 在【插入】/【插图】组中单击"图片"按钮，在打开的下拉列表中选择"此设备"选项，在打开的"插入图片"对话框中选择"Logo.png"图片，然后单击 插入(S) 按钮，如图 4-27 所示。

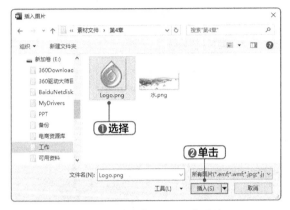

图4-27 选择"Logo.png"图片

STEP 5 返回页眉可看到插入的图片，保持图片的选择状态，在【图片工具 格式】/【排列】组中单击"环绕文字"按钮，在打开的下拉列表中选择"浮于文字上方"选项，如图 4-28 所示。

图4-28 设置图片环绕方式

STEP 6 将鼠标指针移至图片右下角的控制点上，向上拖曳鼠标指针缩小图片，然后适当调整图片的位置。插入一个文本框，设置文本框形状填充和形状轮廓分别为"无填充""无轮廓"，并在其中插入一个样式为"渐变填充：水绿色，主题色5；映像"的艺术字，如图 4-29 所示。

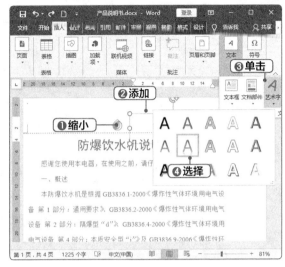

图4-29 调整图片并插入文本框和艺术字

STEP 7 修改艺术字文本为"××饮水有限公司"，设置其字号为"三号"，适当调整图片和文本框的位置，使其位于页眉的中间，效果如图 4-30 所示。

图4-30 页眉效果

STEP 8 使用相同的方法插入"水 .png"图片，并设置其环绕方式为"浮于文字上方"，将其调整到页脚位置，放大图片使其铺满整个页脚，效果如图 4-31 所示。

图4-31 页脚效果

STEP 9 在页脚右下角插入一个形状填充和形状轮廓分别为"无填充""无轮廓"的文本框，在【插入】/【页眉和页脚】组中单击"页码"按钮，在打开的下拉列表中选择"当前位置"选项，在打开的子列表中选择"普通数字"选项，如图 4-32 所示。

第2部分

图4-32　添加页码

STEP 10 设置页码的字号为"三号"，在【页眉和

2. 审阅并修改文档

完成页面的版面设置后，对文档进行审阅和修改，具体操作如下。

STEP 1 在【审阅】/【校对】组中单击"拼写和语法"按钮，打开"拼写检查"窗格，并定位到系统判断的错误位置，查看是否存在错误，这里没有问题，单击忽略按钮继续检查，如图 4-34 所示。

图4-34　拼写和语法检查

STEP 2 当定位到"红色按把"时，将其修改为"红色按钮"，如图 4-35 所示，然后单击继续按钮继续进行检查，完成后单击确定按钮。

页脚工具 设计】/【关闭】组中单击"关闭页眉和页脚"按钮，完成页面版面的设置，如图 4-33 所示。

图4-33　完成页脚设置

图4-35　修改错误

3. 设置页面背景并添加封面和目录

为了使文档更加美观、专业，下面为文档添加同色系的背景，并设置封面和目录，具体操作如下。

STEP 1 在【设计】/【页面背景】组中单击"页面颜色"按钮，在打开的下拉列表中选择"其他颜色"选项，打开"颜色"对话框，单击"自定义"选项卡，设置颜色值为"#FBFDFD"，单击确定按钮，如图 4-36 所示。

第 **4** 章　Word 2016文档排版、审阅与打印

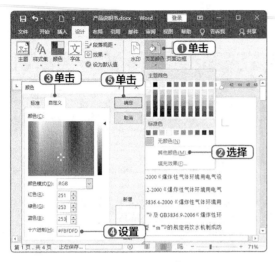

图4-36　设置页面背景

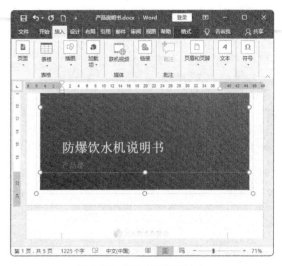

图4-38　修改封面标题文本

STEP 2　在【插入】/【页面】组中单击"封面"按钮 ▤，在打开的下拉列表中选择"切片（深色）"选项，如图4-37所示。

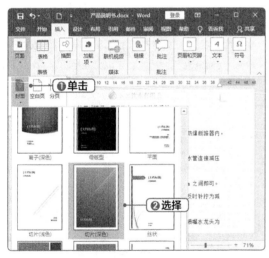

图4-37　添加封面

图4-39　应用样式

STEP 3　修改封面中的标题文本，效果如图4-38所示。然后将光标定位在"一、概述"文本后，在【开始】/【样式】组中选择"标题1"样式，如图4-39所示。

STEP 4　为"二、适用范围""三、产品特点""四、安装说明""五、使用说明""六、技术参数""七、注意事项""八、维护保养"应用相同的样式。然后将光标定位在封面中，在【布局】/【页面设置】组中单击"分隔符"按钮 ▤，在打开的下拉列表中选择"分节符"栏中的"下一页"选项，如图4-40所示。

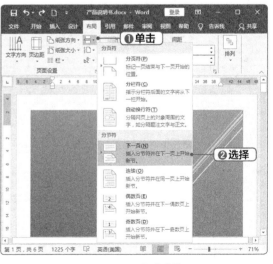

图4-40　添加分节符

STEP 5 此时将自动跳转到第 2 页,然后在【引用】/【目录】组中单击"目录"按钮 📄,在打开的下拉列表的"内置"栏中选择"自动目录 1"选项,如图 4-41 所示。

开"更新目录"对话框,选中"只更新页码"单选项,单击 确定 按钮,完成文档的制作,如图 4-43 所示。完成后保存文档。

图4-42 添加分页符

知识补充

添加分节符的原因

目录与正文内容不同,不要求显示页眉和页脚,因此要添加分节符,将有页眉、页脚效果的正文与没有页眉、页脚效果的目录分隔开。

图4-41 应用目录

STEP 6 此时将自动添加目录,将光标定位在目录之后,在【布局】/【页面设置】组中单击"分隔符"按钮,在打开的下拉列表中选择"分页符"选项,如图 4-42 所示。

STEP 7 此时,目录将单独作为一页展示,并且正文页码会发生变化。单击目录上方的 更新目录 按钮,打

图4-43 更新目录

技巧秒杀

快速添加目录

在添加分节符后,可直接再次单击"分隔符"按钮,在打开的下拉列表中选择"分页符"选项,先添加页面,再进行目录的创建。这样就能保证正文页码在添加目录之前发生变化,无须再更新目录。

4.5 强化实训

本章介绍了Word 2016文档的排版、审阅与打印，下面通过两个项目实训，帮助读者强化本章所学知识。

4.5.1 编辑"员工手册"文档

员工手册是员工的行动指南，它包含企业内部的人事制度管理规范、员工行为规范等。员工手册承载着传播公司形象、企业文化的功能。不同的公司，员工手册的内容也不相同。总体来说，员工手册大概包含手册前言、公司简介、手册总则、培训开发、任职聘用、考核晋升、员工薪酬、员工福利、工作时间、行政管理等内容。

【制作效果与思路】

完成本实训需要添加页眉、页脚和页码，以及封面和目录，并对文档进行修订。"员工手册"文档制作完成后的效果如图4-44所示。具体制作思路如下。

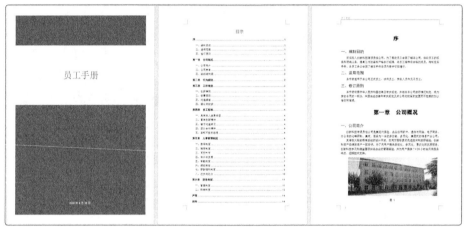

图4-44 "员工手册"文档效果

 素材所在位置 素材文件\第4章\员工手册.docx
效果所在位置 效果文件\第4章\员工手册.docx

微课视频

（1）打开"员工手册.docx"文档，插入样式为"花丝"的奇数页页眉，并修改文本为"员工手册"。插入样式为"花丝"的偶数页页眉，并修改文本为"创新科技有限责任公司"。

（2）插入样式为"普通数字1"的奇数页页脚；插入样式为"普通数字3"的偶数页页脚。

（3）插入样式为"镶边"的封面，然后在【设计】/【文档格式】组中单击"颜色"按钮▉，设置主题颜色为"蓝色"。然后修改封面文本为"员工手册""2020年8月18日"。

（4）将光标定位在封面的最后一行，插入分节符，再添加"自动目录1"样式的目录，将"目录"文本居中对齐，再更新目录。

（5）在修订模式下查阅文档，将文档中"图1""图2"所在行设置为居中对齐，删除"附件："后的"："，完成后保存文档。

4.5.2 编辑并打印"劳动合同"文档

劳动合同是劳动者与用人单位之间确立劳动关系，明确双方权利和义务的协议。劳动合同具有法律约束力，当事人必须履行劳动合同规定的义务。"劳动合同"文档是常见的长文档，对其进行排版、编辑能美化文档的效果，提升企业形象。

【制作效果与思路】

完成本实训需要在文档中应用封面样式，使用大纲视图查看并编辑文档，设置页脚，添加目录，检查拼写与语法错误并修改，打印文档等。"劳动合同"文档制作完成后的效果如图4-45所示。具体制作思路如下。

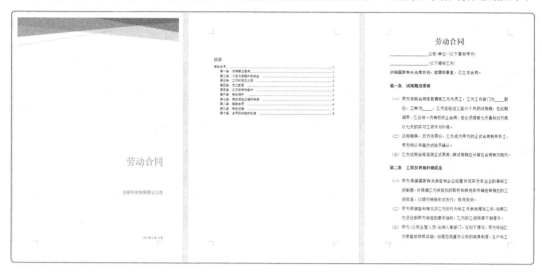

图4-45 "劳动合同"文档效果

素材所在位置　素材文件\第4章\劳动合同.docx
效果所在位置　效果文件\第4章\劳动合同.docx

微课视频

（1）打开"劳动合同.docx"文档，在首页插入"平面"样式的封面，然后为文档标题应用"标题"样式，并使用大纲视图设置"第一条""第二条"等文本的2级级别。

（2）插入"边线型"页脚，然后在封面后插入分节符，插入"自动目录1"目录样式。

（3）将文本插入点定位到文档第一行的行首，通过"拼写和语法检查"功能审阅文档，检查文档拼写和语法并修改错误。完成审阅后，打印文档。

4.6　知识拓展

下面对Word 2016文档编辑与美化的一些拓展知识进行介绍，以帮助读者更好地进行文档的操作。

1. 添加水印

在办公中经常会制作一些机密文件，通过给文档添加水印，可以提高文档识别性。添加水印的方法为：在【设计】/【页面背景】组中单击"水印"按钮，在打开的下拉列表中选择需要的水印。

2. 添加索引

索引是一种常见的文档注释，其实质是通过标记索引项来插入一个隐藏的代码，便于用户查询。其添加方法为：将文本插入点定位到需要添加索引的位置，在【引用】/【索引】组中单击"插入索引"按钮，打开"索引"对话框，单击 标记索引项(K)... 按钮，打开"标记索引项"对话框，在"主索引项"文本框中输入注释内容，单击 标记(M) 按钮，再单击 × 按钮。

3. 更新目录

提取文档的目录后，当文档中的文本有修改时，目录的内容和页码都有可能发生变化，就需要对目录进行更新。此时，使用"更新目录"功能可快速地更正目录，使目录和文档内容保持一致。具体方法是：在【引用】/【目录】组中单击"更新目录"按钮，打开"更新目录"对话框，在其中根据需要选中"只更新页码"单选项或"更新整个目录"单选项，然后单击 确定 按钮完成更新。

4. 合并文档

为了使查看文档更加方便，减少打开多个文档的重复操作，可利用Word 2016提供的合并文档功能将多个文档的修订记录全部合并到同一文档中。其方法是：在【审阅】/【比较】组中单击"比较"按钮，在打开的下拉列表中选择"合并"选项；打开"合并文档"对话框，在"原文档"下拉列表中单击"浏览"按钮，在打开的对话框中选择需合并的文档；然后在"修订的文档"下拉列表中单击"浏览"按钮，在打开的对话框中选择文档，完成后单击 确定 按钮。Word 2016会将这两个文档的修订记录合并到新建的名为"合并结果1"的文档，在其中用户可继续编辑并同时查看所有修改意见。

5. 添加脚注和尾注

添加脚注和尾注也是审阅文档时的常见操作。脚注显示在页面底部，尾注显示在文档末尾。脚注或尾注上的数字或符号会与文档中的引用标记相匹配，便于用户查看相关标注内容。添加脚注或尾注的方法是：将文本插入点定位在要添加脚注或尾注的位置，在【引用】/【脚注】组中单击"插入脚注"按钮 AB^1 或"插入尾注"按钮，在脚注或尾注输入框中输入所需内容。添加脚注或尾注后，双击添加后引用的数字或符号，即可返回文档中的位置查看具体内容。

4.7 课后练习

本章主要介绍了Word 2016的文档版面设置、审阅和修订、打印等知识，读者应加强对该部分内容的练习与应用。下面通过两个练习，帮助读者巩固该部分知识。

练习1 | **编辑"企业文化建设策划案"文档**

策划案是对未来的活动或者事件的策划，其篇幅一般较长。本练习将编辑"企业文化建设策划案"文档，需要进行页眉、页脚和页码设置，并提取文档目录等操作。"企业文化建设策划案"文档制作完成后的效果如图4-46所示。

素材所在位置	素材文件\第4章\企业文化建设策划案.docx、标志.png
效果所在位置	效果文件\第4章\企业文化建设策划案.docx

微课视频

操作要求如下。

（1）打开"企业文化建设策划案.docx"文档，在【布局】/【页面设置】组中单击"分隔符"按钮，在打开的下拉列表的"分页符"栏中选择"分页符"选项，将"前言"部分移到下一页。同理，在"一、理论篇"等相同级别的文本左侧插入分页符。

（2）添加"奥斯汀"样式的内置页眉，并在页眉文本框中输入文本"企业文化建设策划案"；然后插入"标志.png"图片，设置其环绕方式为浮于文字上方，并调整其大小和位置。在页脚中插入一个文本框，并设置页码。

（3）在封面最后一行插入分节符，然后插入"自动目录2"样式的目录。

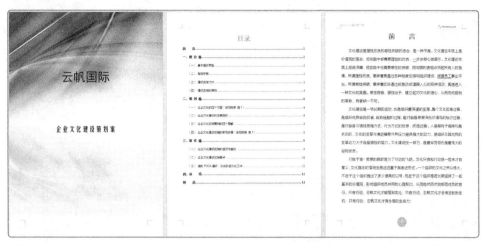

图4-46 "企业文化建设策划案"文档效果

练习 2 | 审阅并打印"招工协议书"文档

"招工协议书"文档是对企业招工信息的介绍，要求其内容正确，没有语法、排版和常识性错误。本练习将对"招工协议书"文档进行审阅和打印，参考效果如图4-47所示。

图4-47 "招工协议书"文档参考效果

素材所在位置 素材文件\第4章\招工协议书.docx
效果所在位置 效果文件\第4章\招工协议书.docx

微课视频

操作要求如下。

（1）通过"拼写和语法检查"功能检查文档中的错误并进行改正。

（2）在"招工协议书"文本左侧添加脚注；在"社会保险"文本右侧添加尾注；为"市内"文本添加批注"改为：省内"。

（3）进入修订模式，修订文档内容，最后打印2份该文档。

第 5 章

Excel 2016 表格创建与编辑

/ 本章导读

Excel 2016 是常用的表格制作软件，熟练使用 Excel 2016 可提高工作效率。本章将对 Excel 2016 的基本操作进行介绍，包括电子表格的创建、数据的输入与编辑、表格的美化等。

/ 技能目标

掌握创建 Excel 电子表格的方法。

掌握输入与编辑数据的方法。

掌握表格的美化方法。

/ 案例展示

欣欣科技员工信息登记表

编号	姓名	性别	学历	所在部门	目前职称	出生日期	入职日期	联系电话	通信地址
XX001	冯顺天	男	本科	行政部	行政经理	1988/6/13	2015/3/5	138223****6	达州市南区××街
XX002	任芳	女	大专	市场部	促销主管	1989/11/10	2015/9/10	136457****3	江苏扬州瘦西湖××号
XX003	刘明华	男	本科	总经理办公室	总经理助理	1982/2/25	2016/3/1	158769****4	四川南充市新街××号
XX004	宋燕	女	大专	人事部	人力资源专员	1983/12/4	2017/7/6	135221****0	江苏无锡××街
XX005	张涛	男	本科	行政部	行政助理	1992/5/8	2017/3/7	138223****1	四川成都春熙路××号
XX006	张晗	女	大专	总经理办公室	办公室文员	1989/5/8	2017/9/7	137852****5	广东潮州爱达荷路××号
XX007	李健	男	大专	行政部	档案员	1990/5/7	2018/3/5	139457****4	浙江温州工业区××号
XX008	周韵	女	大专	市场部	办公室文员	1991/7/8	2018/3/5	138223****5	北京海定区××街
XX009	罗嘉良	男	本科	人事部	人力资源助理	1993/5/7	2018/9/5	139457****8	成都大安西路××号
XX010	姜丽丽	女	大专	人事部	人力资源经理	1993/8/2	2019/3/6	139457****1	成都青江东路××号
XX011	郭子明	男	本科	市场部	广告企划主管	1994/8/1	2019/3/7	138223****3	长沙市沿江路街××号
XX012	黄雪琴	女	本科	人事部	招聘主管	1995/3/6	2019/9/4	138223****8	山东滨州××街
XX013	田蓉	女	大专	行政部	前台	1995/7/5	2020/3/5	139356****2	绵阳科技路街××号
XX014	喻刚	男	本科	总经理办公室	办公室文员	1993/5/20	2020/3/5	138243****9	四川西昌莲花路××号
XX015	汪雪	女	大专	市场部	销售助理	1995/7/12	2020/9/2	138223****7	重庆市南岸区××街
XX016	罗杉杉	男	大专	市场部	渠道经理	1996/8/3	2020/3/6	159428****2	新疆库尔勒××街
XX017	罗乐	男	大专	总经理办公室	办公室主管	1997/6/4	2020/3/7	138223****3	四川德阳少城路××街
XX018	郑悦	男	本科	市场部	销售专员	1997/9/10	2020/9/1	159427****8	成都青阳路××街

5.1 Excel 电子表格的创建

在使用Excel 2016制作电子表格前，首先需要认识Excel 2016的工作界面，掌握Excel 2016的一些基本操作，如新建、保存、打开和关闭工作簿，新建、重命名和删除工作表，插入、合并和删除单元格等。

5.1.1 了解 Excel 2016 的工作界面

使用与启动Word 2016相同的方法启动Excel 2016后，在新创建的工作簿中可看到图5-1所示的工作界面。与Word 2016工作界面相比，Excel 2016工作界面中的标题栏、快速访问工具栏、功能选项卡及状态栏等部分的功能和操作方法与其大致相同。此外，Excel 2016的工作界面除了与Word 2016共有的快速访问工具栏、标题栏、功能选项卡、智能搜索框、"文件"菜单等部分，还多了编辑栏、工作表编辑区等特有部分。

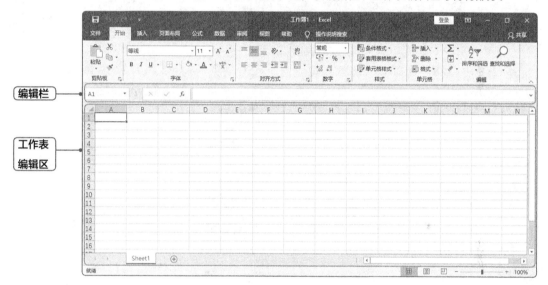

图5-1　Excel 2016工作界面

1. 编辑栏

编辑栏用来显示和编辑当前活动单元格中的数据或公式。在默认情况下，编辑栏中包括名称框 A1 、按钮区 ✕ ✓ ƒx 和编辑框。

- **名称框：**名称框用来显示当前单元格的地址或函数名称，如在名称框中输入"A3"后，按【 Enter 】键则表示选中A3单元格。
- **"取消"按钮 ✕：**单击该按钮表示取消输入的内容。
- **"输入"按钮 ✓：**单击该按钮表示确定并完成输入。
- **"插入函数"按钮 ƒx：**单击该按钮，将快速打开"插入函数"对话框，在其中可选择相应的函数插入表格。
- **编辑框：**编辑框用于显示在单元格中输入或编辑的内容，也可直接在其中输入和编辑内容。

2. 工作表编辑区

工作表编辑区是Excel 2016编辑数据的主要场所，它包括行号与列标、单元格和工作表标签等。

- **行号与列标：**行号用"1，2，3，…"等阿拉伯数字标识，列标用"A，B，C，…"等大写英文字母标识。"列标+行号"常表示单元格地址，如位于A列1行的单元格可表示为A1单元格。

- **单元格：** 单元格是组成 Excel 表格和存储数据的最小单位，在工作表编辑区显示为小方格。在 Excel 2016 中输入和编辑的所有数据都将存储和显示在单元格内，所有单元格组合在一起就构成了一个工作表。拖曳右侧或下侧的滚动条可查看工作表中未显示出来的单元格。
- **工作表标签：** 工作表标签用来显示工作表的名称，Excel 2016 默认只包含一张工作表，单击"新工作表"按钮，将新建一张工作表。当工作簿中包含多张工作表后，便可单击任意一个工作表标签在工作表之间进行切换。

5.1.2 操作工作簿

工作簿即 Excel 文件，其扩展名为".xlsx"。启动 Excel 2016 后，用户需新建、打开工作簿才能进行其他操作，下面对工作簿的常见操作方法进行介绍。

1. 新建和保存工作簿

要使用 Excel 2016 制作各类表格，首先需要掌握新建和保存工作簿的操作。新建和保存工作簿的方法与新建和保存 Word 文档的方法类似，下面将新建空白工作簿并另存为"通讯录.xlsx"，具体操作如下。

微课视频

STEP 1 在"开始"菜单中选择"Excel 2016"命令，启动 Excel 2016 并打开"开始"界面，选择"新建"命令，打开"新建"界面，选择"空白工作簿"选项，如图 5-2 所示。

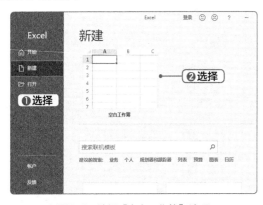

图5-2 选择"空白工作簿"选项

STEP 2 系统将新建一个名为"工作簿 1"的空白工作簿，如图 5-3 所示。

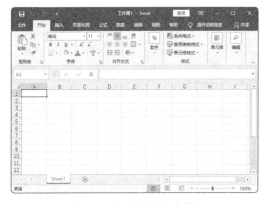

图5-3 查看新建的工作簿

STEP 3 选择【文件】/【另存为】命令，打开"另存为"界面，选择"浏览"选项，如图 5-4 所示。

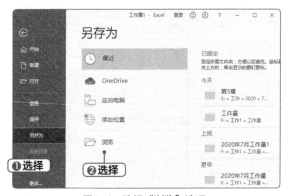

图5-4 选择"浏览"选项

STEP 4 打开"另存为"对话框，在地址栏选择工作簿的保存位置，在"文件名"列表中输入"通讯录"，单击 保存(S) 按钮，如图 5-5 所示。此时，工作簿的标题栏将变为"通讯录 -Excel"，且在保存位置可找到保存的工作簿文件。

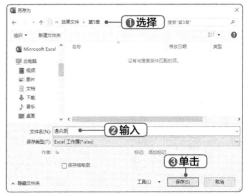

图5-5 设置工作簿保存路径和名称

2. 打开和关闭工作簿

工作簿的打开和关闭操作都较为简单，具体操作方法如下。

● **打开工作簿：**双击需要打开的工作簿可直接打开该工作簿。用户也可启动Excel 2016，选择【文件】/【打开】命令，或按【Ctrl+O】组合键，在打开的"打开"对话框中选择需要打开的工作簿。

● **关闭工作簿：**在Excel 2016中选择【文件】/【关闭】命令，或按【Ctrl+W】组合键，可关闭当前打开的工作簿。

3. 加密工作簿

为了防止工作簿中重要的数据信息泄露，可对工作簿采取适当保护措施，如加密工作簿。加密工作簿后，再次打开该工作簿时，则要求输入密码，只有输入正确的密码，才能打开该工作簿。加密工作簿的方法：选择【文件】/【信息】命令，打开"信息"界面，单击"保护工作簿"按钮 🔒，在打开的下拉列表中选择"用密码进行加密"选项，打开"加密文档"对话框，在其中输入密码，然后单击 确定 按钮，打开"确认密码"对话框，再次输入密码，然后单击 确定 按钮，完成加密操作，如图5-6所示。

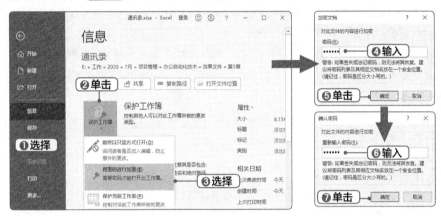

图5-6 加密工作簿

5.1.3 操作工作表

用户在编辑数据前，需要先选择对应的工作表，当工作表的数量、名称等不能满足编辑需要时，还需执行添加、重命名、复制、移动、删除工作表等操作。此外，用户还可能需要对工作表进行保护操作。

1. 添加工作表

默认情况下，Excel 2016工作簿只有1张工作表，用户可以根据需要添加工作表。除了单击"Sheet1"工作表标签后的"新工作表"按钮 ⊕，用户还可采用另一种方法添加工作表，具体操作方法为：在工作表标签上单击鼠标右键，在弹出的快捷菜单中选择"插入"命令，打开"插入"对话框，在"常用"选项卡中选择"工作表"选项，然后单击 确定 按钮。

2. 选择工作表

选择工作表后，才能对其进行操作，选择工作表的情况有以下3种。

● **选择连续的多张工作表：**选择一张工作表后按住【Shift】键，再选择不相邻的另一张工作表，即可同时选择这两张工作表之间的所有工作表（包括这两张工作表）。被选择的工作表呈白色底纹。

● **选择不连续的多张工作表：**选择一张工作表后按住【Ctrl】键，再依次单击其他工作表标签，即可同时选择不连续的多张工作表。

● **选择所有工作表：**在工作表标签的任意位置单击鼠标右键，在弹出的快捷菜单中选择"选定全部工作表"命令可选择所有的工作表。单击任意工作表标签可取消选择所有工作表。

3. 重命名工作表

在Excel 2016中，工作表默认以"Sheet1""Sheet2""Sheet3"命名。当输入内容后，为了使表名能直观地体现当前表格内容，需要对其进行重命名操作。重命名工作表的方法有以下两种。

- 双击工作表标签，此时工作表标签名呈可编辑状态，输入新的名称后按【Enter】键。
- 将鼠标指针移至工作表标签上，单击鼠标右键，在弹出的快捷菜单中选择"重命名"命令，工作表标签名呈可编辑状态，输入新名称后按【Enter】键。

4. 复制和移动工作表

工作表的位置并不是固定不变的，为了避免重复制作相同的工作表，用户可根据需要移动或复制工作表。此外，用户不仅可以在同一工作簿中移动和复制工作表，还可以在不同的工作簿之间移动和复制工作表，具体操作方法如下。

- **在同一工作簿中移动和复制工作表：**在要移动的工作表标签上按住鼠标左键不放，将其拖到目标位置；如果要复制工作表，则在拖曳鼠标时按住【Ctrl】键。
- **在不同工作簿中移动和复制工作表：**在需要移动或复制的工作表标签上单击鼠标右键，在弹出的快捷菜单中选择"移动或复制"命令，打开"移动或复制工作表"对话框，如图5-7所示。在"工作簿"下拉列表中选择其他工作簿，在"下列选定工作表之前"列表中选择要移动或复制到的位置，选中"建立副本"复选框表示复制工作表，单击 确定 按钮，完成移动或复制工作表的操作。

5. 删除工作表

当工作簿中存在多余的工作表或不需要的工作表时，可以将其删除。具体操作方法：在需要删除的工作表标签上单击鼠标右键，在弹出的快捷菜单中选择"删除"命令。

6. 保护工作表

对于重要的工作表，为了避免误操作或他人修改重要信息，可对其进行保护操作。具体操作方法：在需要保护的工作表标签上单击鼠标右键，在弹出的快捷菜单中选择"保护工作表"命令，打开"保护工作表"对话框，如图5-8所示，在"允许此工作表的所有用户进行"列表中设置用户可以进行的操作，默认加密保护后只能选择单元格，在"取消工作表保护时使用的密码"文本框中输入密码，完成后单击 确定 按钮，打开"确认密码"对话框，在其中输入相同的密码后单击 确定 按钮，完成操作。

图5-7 "复制或移动工作表"对话框

图5-8 "保护工作表"对话框

5.1.4 | 操作单元格

表格的数据都是在单元格中进行处理的，掌握单元格的基本操作，可为制作出规范的表格奠定基础。下面将介绍选择、插入、删除、合并与拆分单元格以及调整单元格大小的操作。

1. 选择单元格

选择单元格后，才能对单元格进行设置或编辑，在Excel 2016中选择单元格主要有以下6种方法。

- **选择单个单元格：**单击要选择的单元格，选中后单元格的边框将加粗显示。
- **选择多个连续的单元格：**选择一个单元格，然后按住鼠标左键不放并拖曳鼠标指针，可选择多个连续的单元格（即单元格区域）。选中后单元格区域周围的边框将加粗显示。
- **选择不连续的单元格：**按住【Ctrl】键不放，单击要选择的单元格。
- **选择整行：**单击行号可选择整行单元格。
- **选择整列：**单击列标可选择整列单元格。
- **选择整个工作表中的所有单元格：**单击工作表编辑区左上角行号与列标交叉处的 ◢ 按钮，或按【Ctrl+A】组合键，可以选择整个工作表中的单元格。

2. 插入单元格

在编辑表格数据时，若发现有遗漏的数据，可在所需位置插入新的单元格、行或列并输入数据；若发现有多余的单元格、行或列，则可将其删除。插入单元格的方法为：选择单元格，在【开始】/【单元格】组中单击"插入"按钮，在打开的下拉列表中选择"插入单元格"选项，或在单元格上单击鼠标右键，在弹出的快捷菜单中选择"插入"命令，打开"插入"对话框，选中"活动单元格右移"或"活动单元格下移"单选项后，单击 确定 按钮，如图5-9所示，即可在选中单元格的左侧或上侧插入单元格。

图5-9　插入单元格

3. 删除单元格

删除单元格可清除表格中多余的数据，并使表格更加紧凑、美观。删除单元格的方法与插入单元格的方法相同，具体为：选择单元格，在【开始】/【单元格】组中单击"删除"按钮，在打开的下拉列表中选择"删除单元格"选项，或在单元格上单击鼠标右键，在弹出的快捷菜单中选择"删除"命令，打开"删除"对话框，在其中选中对应的单选项即可。

4. 合并与拆分单元格

为了使表格更加美观和专业，常常需要合并与拆分单元格，如将工作表首行的多个单元格合并以突出显示工作表的标题。合并与拆分单元格的方法如下。

- **合并单元格：**选择需要合并的单元格区域，在【开始】/【对齐方式】组中单击"合并后居中"按钮，此时所选的单元格区域合并为一个单元格，且其中的数据自动居中显示。
- **拆分单元格：**选择合并后的单元格，再次单击"合并后居中"按钮，即可拆分已合并的单元格。

5. 调整单元格大小

单元格的大小由单元格的行高和列宽决定。当单元格中的内容显示不完整时，可调整其行高与列宽，下面对调整行高和列宽的常用方法进行介绍。

- **拖曳鼠标指针调整行高或列宽：**将鼠标指针移至行号或列标的分割线处，当鼠标指针变为 ↕ 或 ↔ 形状时，上下或左右拖曳鼠标指针。
- **双击调整合适的行高与列宽：**将鼠标指针移至行号或列标的分割线处，当鼠标指针变为 ↕ 或 ↔ 形状时双击，即可根据单行或单列内容将单元格调整至合适的行高和列宽。
- **固定行高或列宽：**选择要设置行高或列宽的单元格区域，在【开始】/【单元格】组中单击"格式"按钮，在打开的下拉列表中选择"行高"选项或"列宽"选项，打开"行高"或"列宽"对话框，输入具体的行高或列宽值。
- **自动调整行高与列宽：**当需要调整多行或多列的值时，可先选择需要调整的单元格区域，在【开始】/【单元格】组单击"格式"按钮，在打开的下拉列表中选择"自动调整行高"选项或"自动调整列宽"选项。

5.2　数据的输入与编辑

创建工作表后，需要在其中输入各种类型的数据来充实表格。输入数据后还可根据需要对数据进行编辑。

5.2.1　输入与填充数据

在Excel 2016中，可以直接在单元格中输入数据，也可输入特殊字符。此外，为了提高输入效率，用户还可使用填充数据的方式来快速输入数据。下面在"客户预约登记表.xlsx"工作簿中输入并填充数据，具体操作如下。

 效果所在位置　效果文件\第5章\客户预约登记表.xlsx

第2部分

STEP 1　新建一个名称为"客户预约登记表"的工作簿，在A1单元格上双击，将文本插入点定位到该单元格中；切换到中文输入法，输入文本"客户预约登记表"，然后按【Enter】键确认输入，如图5-10所示。

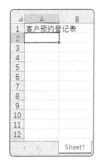

图5-10　输入表格标题

STEP 2　使用相同的方法，在A2:G15单元格区域中输入图5-11所示的内容。

图5-11　输入其他数据

STEP 3　在A3单元格中输入"1"，将鼠标指针

移至A3单元格右下角，当鼠标指针变为 ╈ 形状时，按住【Ctrl】键不放向下拖曳鼠标指针，自动填充预约号信息，如图5-12所示。

图5-12　填充数据

STEP 4　选择G3单元格，在【插入】/【符号】组中单击"符号"按钮Ω，打开"符号"对话框，在"字体"下拉列表中选择"Wingdings"选项，在下方的列表中选择图5-13所示的选项。

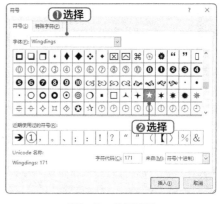

图5-13　选择符号

STEP 5 单击 插入(I) 按钮插入符号，再次单击该按钮可继续插入相同的符号，插入完成后单击 关闭 按钮。使用相同的方法为 G4:G15 单元格添加符号，效果如图 5-14 所示。

	A	B	C	D	E	F	G
1	客户预约登记表						
2	预约号	预约人姓名	联系电话	接待人	预约时间	事由	级别
3	1	顾建	1584562***	莫雨菲	2020/8/20	采购	★★
4	2	贾云国	1385462***	苟丽	2020/8/21	设备维护检	★★★★
5	3	关玉贵	1354563***	莫雨菲	2020/8/22	采购	★
6	4	孙林	1396564***	莫雨菲	2020/8/23	采购	★★
7	5	蒋安辉	1302458***	苟丽	2020/8/23	质量检验	★★★
8	6	罗红梅	1334637***	苟丽	2020/8/24	送货	★★
9	7	王富贵	1585686***	章正翱	2020/8/25	送货	★★
10	8	郑珊	1598621***	章正翱	2020/8/26	技术咨询	★★
11	9	张波	1586985***	章正翱	2020/8/27	技术咨询	★
12	10	高天水	1598546***	莫雨菲	2020/8/28	质量检验	★★
13	11	耿跃升	1581254***	章正翱	2020/8/28	技术培训	★★★
14	12	郑立志	1375382***	苟丽	2020/8/28	设备维护检	★
15	13	郑才枫	1354582***	苟丽	2020/8/29	技术培训	★
16							
17							
18							

图5-14 查看效果

5.2.2 移动和复制数据

当需要调整单元格中相应数据之间的位置，或要在其他单元格中填充相同的数据时，可利用移动和复制功能快速实现，提高工作效率。具体操作方法为：选择数据所在的单元格区域，在【开始】/【剪贴板】组中单击"剪切"按钮✕或"复制"按钮🗐，再选择欲粘贴数据的单元格区域，然后在【开始】/【剪贴板】组中单击"粘贴"按钮📋，即可完成数据的移动或复制。

5.2.3 清除与修改数据

在单元格中输入数据后，难免会出现输入错误或数据发生改变等情况，此时可以清除或修改数据。

● **清除数据：** 选择包含数据的目标单元格区域，在【开始】/【编辑】组中单击"清除"按钮🧹，在打开的下拉列表中选择"清除内容"选项，可清除所选单元格区域中的所有数据。

● **修改数据：** 双击需要修改数据的单元格，将文本插入点定位在单元格中，修改数据后按【Ctrl+Enter】组合键，或者选择需要修改的数据所在的单元格，将文本插入点定位在编辑栏中，直接进行修改。

5.2.4 设置数据类型及格式

输入或修改数据后，用户还可对数据类型及格式进行设置，使表格数据显示美观、专业。在Excel 2016中，可以对"数值""货币""会计专用""日期""百分比"等类型的数据进行格式设置。具体操作方法为：选择需要设置数据类型的单元格区域，在【开始】/【数字】组中单击右下角的"数字格式"按钮🡒，或在单元格上单击鼠标右键，在弹出的快捷菜单中选择"设置单元格格式"命令，打开"设置单元格格式"对话框，在"数字"选项卡的"分类"列表中可选择数据的类型，在右侧可选择具体的显示格式，如图5-15所示。

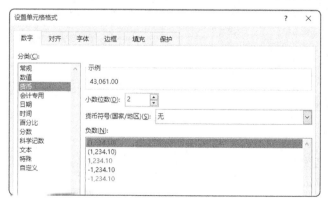

图5-15 设置数据类型及格式

5.3 表格的美化

完成数据的输入和编辑后，还可对表格进行美化，如设置字体格式、对齐方式、边框与底纹等，使表格美观、实用。

5.3.1 设置字体格式

设置字体格式是指设置单元格中文本的字体、字号、加粗、倾斜、字体颜色等，其操作方法与在Word文档中设置文本的字体格式相似，同样可通过【开始】/【字体】组进行设置，如图5-16所示；或打开"设置单元格格式"对话框，单击"字体"选项卡进行设置，如图5-17所示。

图5-16 通过【开始】/【字体】组设置

图5-17 通过"设置单元格格式"对话框设置

5.3.2 设置对齐方式

在Excel 2016中，用户不仅可以设置数据在单元格中的水平对齐方式和垂直对齐方式，还可设置数据与单元格边框的间距，以及数据在单元格中排列的方式。具体操作方法为：选择要设置对齐方式的单元格，在【开始】/【对齐方式】组中单击"顶端对齐"按钮 ≡、"垂直居中"按钮 ≡、"底端对齐"按钮 ≡，可设置数据的垂直对齐方式；单击"左对齐"按钮 ≡、"居中"按钮 ≡、"右对齐"按钮 ≡，可设置数据的水平对齐方式；单击"方向"按钮 ≫，在打开的下拉列表中可设置数据的排列方向；单击"减少缩进量"按钮 ≡，可减少数据与边框的距离；单击"增加缩进量"按钮 ≡，可增加数据与边框的距离，如图5-18所示。此外，用户也可打开"设置单元格格式"对话框，单击"对齐"选项卡，在其中设置数据的水平与垂直对齐方式、排列方向和文本控制等。

图5-18 设置对齐方式

5.3.3 设置边框与底纹

为数据区域设置边框，是美化表格的重要手段，为标题、表头设置不同的底纹，更能突出表格的结构，便于直观地查看数据。下面为"员工基本信息.xlsx"工作簿设置边框与底纹，具体操作如下。

素材所在位置 素材文件\第5章\员工基本信息.xlsx
效果所在位置 效果文件\第5章\员工基本信息.xlsx

STEP 1 打开"员工基本信息.xlsx"工作簿,选择 A2:F15 单元格区域,在【开始】/【字体】组中单击"边框"按钮田,在打开的下拉列表中选择"所有框线"选项,如图 5-19 所示。

图5-19 快速设置所有边框

STEP 2 保持单元格区域的选择状态,单击鼠标右键,在弹出的快捷菜单中选择"设置单元格格式"命令,打开"设置单元格格式"对话框。

STEP 3 单击"边框"选项卡,在打开界面的"样式"列表中选择边框样式,这里选择第 5 行第 2 列的样式,然后在"颜色"下拉列表中设置边框颜色为"黑色,文字 1",在"边框"栏中单击需要设置的边框位置,这里单击上、下、左、右 4 条边框,完成后单击 确定 按钮,如图 5-20 所示。

STEP 4 选择 A2:F2 单元格区域,在【开始】【字体】组中单击"填充颜色"按钮 右侧的下拉按钮 ,在打开的下拉列表中选择"茶色,背景2"选项,如图 5-21 所示。

STEP 5 选择 A3:F15 单元格区域,单击鼠标右键,在弹出的快捷菜单中选择"设置单元格格式"命令,打开"设置单元格格式"对话框。

STEP 6 单击"填充"选项卡,在打开界面的"图案颜色"下拉列表中选择"茶色,背景2"选项,在

"图案样式"下拉列表中选择"6.25% 灰色"选项,单击 确定 按钮,如图 5-22 所示。

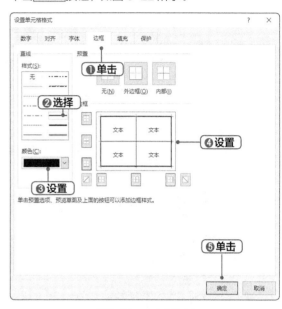

图5-20 自定义边框

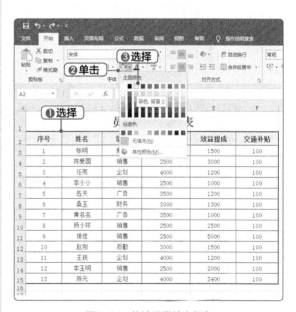

图5-21 快速设置填充颜色

STEP 7 返回工作簿中可看到设置边框和底纹后的效果,完成后保存工作簿。

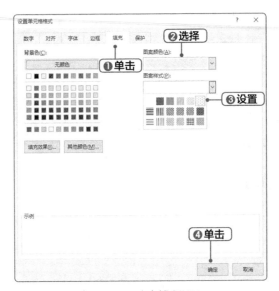

图5-22　自定义填充图案

5.3.4　应用单元格和表格样式

对于一些特定的单元格，如标题、评价和注释等单元格，用户可通过套用单元格样式来进行快速美化。具体操作方法：选择要设置的单元格，在【开始】/【样式】组中的"单元格样式"列表中选择一种预设的单元格样式，如图5-23所示。

逐一设置单元格样式会比较耗时，可直接套用Excel 表格提供的表格样式，快速规范并美化工作表。具体操作方法：选择需要设置表格样式的单元格区域，在【开始】/【样式】组中单击"套用表格格式"按钮，在打开的下拉列表中可选择一种预设的表格样式，如图5-24所示，打开"套用表格式"对话框，确认或重新选择表源数据区域，单击按钮完成操作。

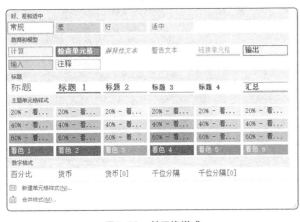

图5-23　单元格样式

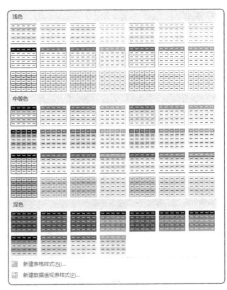

图5-24　表格样式

5.3.5　设置条件格式

设置条件格式，可以为一些满足特殊条件的单元格设置格式，达到突出显示单元格的目的。下面继续在

"员工基本信息.xlsx"工作簿中进行条件格式设置，设置"效益提成>3000"的单元格突出显示，具体操作如下。

 效果所在位置 效果文件\第5章\员工基本信息2.xlsx

STEP 1 在"员工基本信息.xlsx"工作簿中选择 E3:E15单元格区域，单击【开始】/【样式】组中的"条件格式"按钮 ，在打开的下拉列表中选择【突出显示单元格规则】/【大于】选项，如图 5-25 所示。

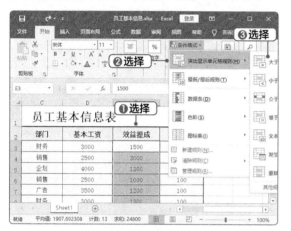

图5-25 选择条件

STEP 2 打开"大于"对话框，在"为大于以下值

的单元格设置格式"数值框中输入"3000"，在"设置为"下拉列表中选择"黄填充色深黄色文本"选项，单击 确定 按钮。

STEP 3 返回 Excel 工作界面可看到设置条件格式后的效果，如图 5-26 所示。

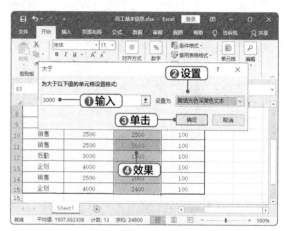

图5-26 设置条件格式并查看效果

知识补充

新建格式规则

单击"条件格式"按钮 ，在打开的下拉列表中可选择Excel 2016预设的格式。另外，还可选择"新建规则"选项，打开"新建格式规则"对话框，在其中自定义格式规则。自定义的格式规则主要有6种类型，分别是基于各自值设置所有单元格的格式、只为包含以下内容的单元格设置格式、仅对排名靠前或靠后的数值设置格式、仅对高于或低于平均值的数值设置格式、仅对唯一值或重复值设置格式、使用公式确定要设置格式的单元格。

 5.4 课堂案例：制作"员工信息登记表"表格

员工信息登记表用于记录企业员工的信息，不仅可以用于了解员工的基本情况，还可以帮助企业完善内部档案。

5.4.1 案例目标

员工信息登记表应包含员工的基本信息，如员工的编号、姓名、性别、学历、所在部门、目前职称、出生日期、入职日期、联系电话和通信地址等。在制作"员工信息登记表"表格时，应完整输入这些信息，并对表格的格式进行设置。本案例完成后的参考效果如图5-27所示。

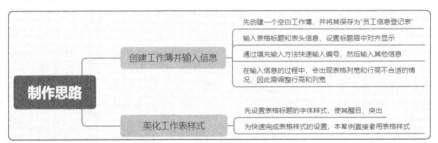

<table>
<thead>
<tr><th colspan="10">欣欣科技员工信息登记表</th></tr>
<tr><th>编号</th><th>姓名</th><th>性别</th><th>学历</th><th>所在部门</th><th>目前职称</th><th>出生日期</th><th>入职日期</th><th>联系电话</th><th>通信地址</th></tr>
</thead>
<tbody>
<tr><td>XX001</td><td>冯顺天</td><td>男</td><td>本科</td><td>行政部</td><td>行政经理</td><td>1988/6/13</td><td>2015/3/5</td><td>138223****6</td><td>达州市南区××街</td></tr>
<tr><td>XX002</td><td>任芳</td><td>女</td><td>大专</td><td>市场部</td><td>促销主管</td><td>1989/11/10</td><td>2015/9/10</td><td>136457****3</td><td>江苏扬州瘦西湖××号</td></tr>
<tr><td>XX003</td><td>刘明华</td><td>男</td><td>本科</td><td>总经理办公室</td><td>总经理助理</td><td>1982/2/25</td><td>2016/3/1</td><td>158769****4</td><td>四川南充市新街××号</td></tr>
<tr><td>XX004</td><td>宋燕</td><td>女</td><td>大专</td><td>人事部</td><td>人力资源专员</td><td>1993/12/4</td><td>2017/7/6</td><td>135221****0</td><td>江苏无锡××街</td></tr>
<tr><td>XX005</td><td>张涛</td><td>男</td><td>本科</td><td>行政部</td><td>行政助理</td><td>1992/5/8</td><td>2017/9/7</td><td>138223****1</td><td>四川成都春熙路××号</td></tr>
<tr><td>XX006</td><td>张晓</td><td>女</td><td>大专</td><td>总经理办公室</td><td>办公室文员</td><td>1989/5/8</td><td>2017/9/7</td><td>137852****5</td><td>广东潮州爱达荷路××号</td></tr>
<tr><td>XX007</td><td>李健</td><td>男</td><td>大专</td><td>行政部</td><td>档案员</td><td>1990/5/7</td><td>2018/3/5</td><td>139457****4</td><td>浙江温州工业区××号</td></tr>
<tr><td>XX008</td><td>周鹃</td><td>女</td><td>大专</td><td>市场部</td><td>办公室文员</td><td>1991/7/8</td><td>2018/3/5</td><td>138223****5</td><td>北京海淀区××街</td></tr>
<tr><td>XX009</td><td>罗嘉鬼</td><td>男</td><td>本科</td><td>人事部</td><td>人力资源助理</td><td>1993/5/7</td><td>2018/3/5</td><td>139457****8</td><td>成都大安西路××号</td></tr>
<tr><td>XX010</td><td>姜丽丽</td><td>女</td><td>大专</td><td>人事部</td><td>人力资源经理</td><td>1993/8/2</td><td>2019/3/7</td><td>138223****5</td><td>成都青江东路××号</td></tr>
<tr><td>XX011</td><td>郭子明</td><td>女</td><td>本科</td><td>市场部</td><td>广告企划主管</td><td>1994/8/1</td><td>2019/3/7</td><td>138223****3</td><td>长沙市泊江路街××号</td></tr>
<tr><td>XX012</td><td>黄雪琴</td><td>女</td><td>本科</td><td>人事部</td><td>招聘主管</td><td>1995/3/6</td><td>2019/9/4</td><td>138223****8</td><td>山东滨州××街</td></tr>
<tr><td>XX013</td><td>田蓉</td><td>女</td><td>大专</td><td>行政部</td><td>前台</td><td>1995/7/5</td><td>2020/3/5</td><td>139356****2</td><td>绵阳科技路街××号</td></tr>
<tr><td>XX014</td><td>喻刚</td><td>男</td><td>本科</td><td>总经理办公室</td><td>办公室文员</td><td>1993/5/20</td><td>2020/3/5</td><td>138243****9</td><td>四川西昌莲花路××号</td></tr>
<tr><td>XX015</td><td>汪蕾</td><td>女</td><td>大专</td><td>市场部</td><td>销售助理</td><td>1995/7/12</td><td>2020/3/6</td><td>138228****2</td><td>重庆市南岸区××街</td></tr>
<tr><td>XX016</td><td>罗杉杉</td><td>男</td><td>大专</td><td>市场部</td><td>渠道经理</td><td>1996/8/3</td><td>2020/3/6</td><td>159428****2</td><td>新疆库尔勒××街</td></tr>
<tr><td>XX017</td><td>罗乐</td><td>男</td><td>大专</td><td>总经理办公室</td><td>办公室主管</td><td>1997/6/4</td><td>2020/3/7</td><td>139457****7</td><td>四川德阳少城路××街</td></tr>
<tr><td>XX018</td><td>郑悦</td><td>男</td><td>本科</td><td>市场部</td><td>销售专员</td><td>1997/9/10</td><td>2020/9/1</td><td>159427****8</td><td>成都青阳路××街</td></tr>
</tbody>
</table>

图5-27 "员工信息登记表"表格效果

效果所在位置 效果文件\第5章\员工信息登记表.docx

第2部分

5.4.2 制作思路

要完成本案例的制作，需要先创建并保存工作簿，然后输入表格数据，并对数据格式进行设置，最后对表格的样式进行美化，使其效果美观、专业。具体制作思路如图5-28所示。

制作思路

创建工作簿并输入信息
- 先创建一个空白工作簿，并将其保存为"员工信息登记表"
- 输入表格标题和表头信息，设置标题居中对齐显示
- 通过填充输入方法快速输入编号，然后输入其他信息
- 在输入信息的过程中，会出现表格列宽和行高不合适的情况，因此需调整行高和列宽

美化工作表样式
- 先设置表格标题的字体样式，使其醒目、突出
- 为快速完成表格样式的设置，本案例直接套用表格样式

图5-28 制作思路

5.4.3 操作步骤

1. 创建工作簿并输入信息

下面新建"员工信息登记表.xlsx"工作簿，并输入对应的信息，具体操作如下。

STEP 1 启动 Excel 2016 并新建一个空白工作簿，然后选择【文件】/【保存】命令，打开"另存为"界面，选择"浏览"选项，如图 5-29 所示。

STEP 2 打开"另存为"对话框，选择工作簿的保存路径，并输入文件名"员工信息登记表"，单击

保存(S) 按钮，如图 5-30 所示。

STEP 3 返回 Excel 2016 工作界面，双击工作表标签"Sheet1"，此时工作表标签名呈可编辑状态，输入"员工信息登记表"，按【Enter】键完成输入，如图 5-31 所示。

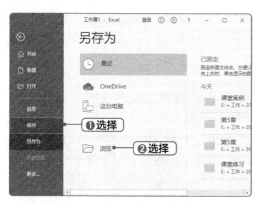

图5-29　打开"另存为"界面

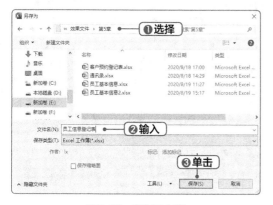

图5-30　保存工作簿

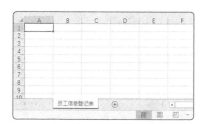

图5-31　重命名工作表

STEP 4　选择 A1 单元格，输入"欣欣科技员工信息登记表"，按【Enter】键完成输入；选择 A2 单元格，输入"编号"，按【→】键，选择 B2 单元格，输入"姓名"，用同样的方法输入图 5-32 所示的表头字段。

图5-32　输入表格标题与表头字段

STEP 5　选择 A1:J1 单元格区域，在【开始】/【对齐方式】组中单击"合并后居中"按钮，如图 5-33 所示。

图5-33　合并工作表

STEP 6　将鼠标指针移至行号 1 下方的分割线，当鼠标指针变为╪形状时，向下拖曳鼠标指针，增大标题行的行高，如图 5-34 所示。

图5-34　增大标题行的行高

STEP 7　在 A3 单元格中输入员工编号"XX001"，选择 A3 单元格，将鼠标指针移至该单元格右下角的控制柄上，当其变为＋形状时，按住鼠标左键不放的同时按住【Ctrl】键，向下拖曳鼠标指针至 A20 单元格，填充编号，如图 5-35 所示。

图5-35　填充员工编号

STEP 8　输入表格的其他相关数据，然后拖曳列标和行号分割线调整列宽和行高，效果如图 5-36 所示。

图5-36　输入数据并调整列宽和行高

2. 美化工作表样式

完成工作表的创建和信息输入后，需要对工作表的字体、样式等进行设置，使表格效果更美观。具体操作如下。

STEP 1 选择 A1 单元格，在【开始】/【字体】组中设置字体为"方正兰亭中黑简体"，设置字号为"20"，如图 5-37 所示。

单击"套用表格格式"按钮，在打开的下拉列表中选择图 5-38 所示的样式。

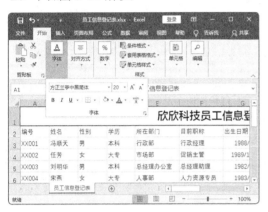

图5-37 设置字体字号

STEP 2 设置 A2:J2 单元格区域居中对齐，然后选择 A2:J20 单元格区域，在【开始】/【样式】组中

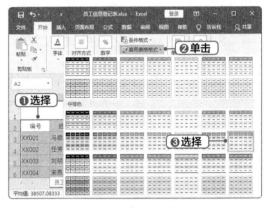

图5-38 应用表格样式

STEP 3 打开"套用表格式"对话框，单击 确定 按钮确认表源数据区域，完成表格样式的快速设置。

5.5 强化实训

本章介绍了Excel 2016表格的创建与编辑，下面通过两个项目实训，帮助读者强化本章所学知识。

5.5.1 制作"出差登记表"表格

出差登记表用于记录企业员工出差信息，以对出差员工的出差信息（如出差时间、出差地点、出差原因等）进行统计，便于企业人力资源管理。

【制作效果与思路】

完成本实训需要输入数据、编辑数据、美化表格等，"出差登记表"表格制作完成后的效果如图5-39所示。具体制作思路如下。

出差登记表									
姓名	部门	出差地	出差日期	返回日期	预计天数	实际天数	出差原因	是否按时返回	备注
邓兴全	技术部	北京通县	2020/8/3	2020/8/5	3	2	维修设备	是	
王宏	营销部	北京大兴	2020/8/3	2020/8/6	3	3	新产品宣传	否	
毛戈	技术部	上海松江	2020/8/4	2020/8/7	3	3	提供技术支持	是	
王南	技术部	上海青浦	2020/8/4	2020/8/8	4	4	新产品开发研讨会	是	
刘惠	营销部	山西太原	2020/8/4	2020/8/8	4	5	新产品宣传	是	
孙祥礼	技术部	山西大同	2020/8/5	2020/8/9	4	4	维修设备	否	
刘栋	技术部	山西临汾	2020/8/7	2020/8/9	4	2	维修设备	是	
李锋	技术部	四川青川	2020/8/7	2020/8/9	2	2	提供技术支持	是	
周畅	技术部	四川自贡	2020/8/7	2020/8/9	2	2	维修设备	是	
刘煌	营销部	河北石家庄	2020/8/7	2020/8/9	2	2	新产品宣传	否	
钱嘉	技术部	河北承德	2020/8/9	2020/8/11	1	2	提供技术支持	否	

图5-39 "出差登记表"表格效果

效果所在位置 效果文件\第5章\出差登记表.xlsx

（1）新建"出差登记表.xlsx"工作簿，将"Sheet1"工作表重命名为"出差登记表"。

（2）分别在对应的单元格中输入相应的数据，并调整表格使数据完全显示。

（3）设置标题和表头数据的字体格式，并将其居中对齐，并为表头应用"水绿色，着色5"的单元格样式，最后添加边框。

5.5.2 制作"采购记录表"表格

采购记录表是记录公司采购信息的表格，主要记录了物品请购时间、请购部门、采购时间和验收时间等信息。公司采购部门向原材料、燃料、零部件和办公用品等供应者发出采购单，收到供应商提供的货物后，公司采购部门进行验收，即可完成采购流程。这种表格一般由多张工作表组成，以月份进行划分。

【制作效果与思路】

由于采购记录表的项目较多，有各项数据分类，因此在制作时要让表格内容井井有条，并且需要突出显示重点内容。"采购记录表"表格制作完成后的效果如图5-40所示。具体制作思路如下。

（1）新建并保存"采购记录表.xlsx"工作簿，单击"插入工作表"按钮⊕插入工作表，然后分别将工作表命名为"2020年1月""2020年2月""2020年3月""2020年4月"。

（2）分别输入对应的数据，可使用填充功能输入数据，再修改数据。在A2单元格输入"采购事项"，在F2单元格输入"请购事项"，在I2单元格输入"验收事项"，分别合并A2:E2、F2:H2、I2:L2单元格区域。

（3）将标题的字体、字号分别设置为"黑体、24"，将表头的字体、字号分别设置为"华文细黑、12"，设置其他数据的字号为"12"。

（4）为A4:L16单元格区域添加边框，为表头内容设置"深红"底纹，为C4:C16、E4:E16、G4:G16、K4:K16单元格区域设置"红色，个性色2，淡色80%"底纹。

采 购 记 录 表											
		采购事项				请购事项			验收事项		
采购日期	采购单号	产品名称	供应商代码	单价(元)	请购日期	请购数量	请购单位	验收日期	验收单号	交货数量	交货批次
1/7	S001-548	电剪	ME-22	361	1/5	1	车缝部	1/9	C06-0711	1	1
1/7	S001-549	内箱\外箱\贴纸	MA-10	2\2\0.5	1/6	100	包装部	1/9	C06-0712	100	1
1/8	S001-550	电\蒸汽熨斗	ME-13	130\220	1/6	4	熨烫部	1/9	C06-0713	4	1
1/9	S001-551	锅炉	ME-33	950	1/7	1	生产部	1/10	C06-0714	1	1
1/10	S001-552	润滑油	MA-24	12	1/8	50	生产部	1/11	C06-0715	50	1
1/11	S001-553	枪针\橡筋	MA-02	8\0.3	1/10	300	成品部	1/12	C06-0716	180	2
1/13	S001-554	拉链\拉链头	MA-02	0.2\0.2	1/11	300	成品部	1/14	C06-0717	300	1
1/13	S001-555	链条车	ME-11	87	1/12	2	成品部	1/15	C06-0718	2	1

图5-40 "采购记录表"表格效果

效果所在位置 效果文件\第4章\采购记录表.xlsx

5.6 知识拓展

下面对Excel 2016表格创建与编辑的一些拓展知识进行介绍，以帮助读者更好地进行表格的操作。

1. 隐藏和显示工作表

在工作簿中，当不需要显示某个工作表时，可将其隐藏，待需要时再将其重新显示出来。操作方法为：选择需要隐藏的工作表，然后在其标签上单击鼠标右键，在弹出的快捷菜单中选择"隐藏"命令，即可隐藏所选的工作表；当需要再次将其显示出来时，可在工作簿的任意工作表标签上单击鼠标右键，在弹出的快捷菜单中选择"取消隐藏"命令，打开"取消隐藏"对话框，在列表中选择需要显示的工作表，然后单击 确定 按钮，即可将隐藏的工作表显示出来。

2. 拆分工作表

在Excel 2016中可以使用拆分工作表的方法将工作表拆分为多个窗格，每个窗格都可进行单独的操作，这样有利于在数据量比较大的工作表中查看数据的前后对照关系。要拆分工作表，首先应选择作为拆分中心的单元格，然后在【视图】/【窗口】组中单击"拆分"按钮 。此时工作表将以该单元格为中心拆分为4个窗格，在任意一个窗格中选择单元格，然后滚动鼠标滚轴，可显示出工作表中的其他数据。

3. 使用"序列"对话框填充数据

利用Excel 2016提供的"序列"对话框，可更加精确地填充等差、等比和日期等有规律的数据。操作方法为：在起始单元格中输入起始数据，然后选择相邻需要填充数据的单元格区域，在【开始】/【编辑】组中单击"填充"按钮 ，在打开的下拉列表中选择"序列"选项，打开"序列"对话框，在"序列产生在"栏中选择序列产生的位置，在"类型"栏中选择序列的特性，在"步长值"数值框中输入序列的步长，在"终止值"数值框中设置序列的最后一个数据，单击 确定 按钮完成设置，如图5-41所示。

图5-41 "序列"对话框

5.7 课后练习

本章主要介绍了Excel 2016表格的创建与编辑知识，读者应加强对该部分知识的练习与应用。下面通过两个练习，帮助读者巩固该部分知识。

练习1 制作"产品订单"表格

产品订单对供应方而言尤为重要，其可根据订单的需求量和交货期来进行生产或进货安排。对收货方而言，其可通过产品订单来提前采购部分产品，避免出现货源紧张情况。本练习要求制作"产品订单"表格，制作完成的效果如图5-42所示。

效果所在位置 效果文件\第5章\产品订单.xlxs

微课视频

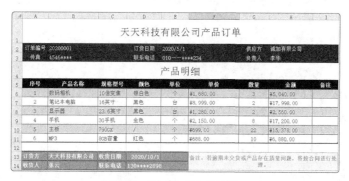

图5-42 "产品订单"表格效果

操作要求如下。

（1）新建并保存"产品订单.xlsx"工作簿，将"Sheet1"工作表重命名为"产品订单"。

（2）在表格中输入图5-42所示的内容，合并表格标题单元格区域，并设置表格字体样式，然后为A2:I3单元格区域设置"黑色，文字1，淡色15%"颜色填充效果。

（3）为A5:I11单元格区域应用"白色，表样式中等深浅15"表格样式，为其应用"所有框线"边框样式，然后设置A6:I11单元格区域的字体颜色为"黑色，文字1"。

（4）为A13:E14单元格区域应用"检查单元格"表格样式，为F13:I14单元格区域应用"计算"表格样式。

练习 2 制作"加班记录表"表格

加班记录表用于记录员工的加班情况，通常包括加班事由、加班日期、加班时长等信息。本练习要求制作"加班记录表"表格，参考效果如图5-43所示。

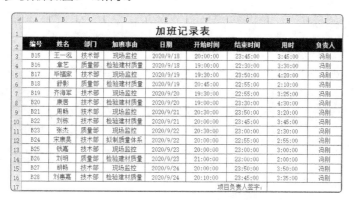

图5-43 "加班记录表"表格效果

 效果所在位置 效果文件\第5章\加班记录表.xlxs

操作要求如下。

（1）新建并保存"加班记录表.xlsx"工作簿，将"Sheet1"工作表重命名为"加班记录表"，然后输入图5-43所示的内容，调整行高、列宽并合并标题单元格区域，设置标题字体格式为"黑体、20、加粗"，设置正文字体格式为"宋体、12"。

（2）合并A17:G17、H17:I17单元格区域，设置A17:G17单元格区域内的数据右对齐。

（3）将表头字体格式设置为"加粗、白色"，并设置"黑色，文字1"底纹。为A2:I17单元格区域添加"所有框线"边框样式。

第 6 章

Excel 2016 表格数据处理与分析

/ 本章导读

　　Excel 2016 不仅能输入数据，还能对数据进行处理与分析。本章将详解介绍处理与分析数据的方法，使读者能够掌握求和、求平均值等常用的数据计算方法，对数据进行排序、汇总、筛选的方法，以及使用图表、数据透视表和数据透视图分析数据的方法。

/ 技能目标

　　掌握公式和函数的使用方法。

　　掌握数据的统计分析方法。

　　掌握数据的可视化分析方法。

/ 案例展示

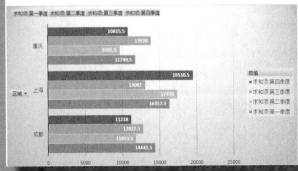

6.1 公式和函数的使用

在Excel 2016中，对于一些简单的数据计算，可直接使用公式来完成，若要进行复杂的运算，如单元格区域的计算、数目统计、条件判定等，就需要使用函数。

6.1.1 了解公式和函数

在使用公式和函数计算数据前，需要先对公式与函数的格式，以及其组成部分的含义进行了解，以便能更好地使用它们计算数据。

1. 公式

Excel 2016中的公式是对工作表中的数据进行计算的等式，它以"=（等号）"开始，其后是公式的表达式，如图6-1所示。通过公式，可以对表格中的数据进行一般的加、减、乘、除运算。下面对公式表达式中各组成部分的含义进行介绍。

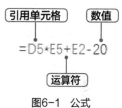

图6-1 公式

- **引用单元格：** 是指需要引用数据的单元格所在的位置。在引用其他工作表中的单元格时，其结构为：工作表名称+！+具体单元格，如"=员工通讯录!H3"。
- **运算符：** 是Excel公式中的基本元素，它是指对公式中的元素进行特定类型的运算。
- **数值：** 包括数字、文本等各类数据。

2. 函数

函数是指预设的通过使用一些称为参数的特定数值按特定的顺序或结构执行计算的公式。函数的格式为：=函数名（参数1,参数2,…），如图6-2所示。通过函数可以快速完成一些特定的数据计算，其各部分的含义如下。

图6-2 函数

- **函数名：** 即函数的名称，每个函数都有唯一的函数名，如SUM函数、AVERAGE 函数、IF 函数等。
- **参数：** 是指函数中用来执行操作或计算的值，参数的类型与函数有关。

6.1.2 引用单元格

在编辑公式时经常需要对单元格地址进行引用，一个引用地址代表工作表中一个或多个单元格或单元格区域。单元格和单元格区域引用的作用在于标识工作表中的单元格或单元格区域，并指明公式中所使用的数据地址。一般情况下，单元格的引用分为相对引用、绝对引用、混合引用。

- **相对引用：** 指相对于公式单元格位于某一位置处的单元格引用。在相对引用中，当复制相对引用的公式时，被粘贴公式中的引用将被更新，并指向与当前公式位置相对应的其他单元格。默认情况下，Excel 2016使用的是相对引用，如A1、A2。
- **绝对引用：** 指把公式复制或移动到新位置后，公式中的单元格地址保持不变。绝对引用时引用单元格的列标和行号之前都有"$"符号。如果在复制公式时不希望引用的地址发生改变，则应使用绝对引用，如$A$1。
- **混合引用：** 指在一个单元格地址引用中，既有绝对引用，又有相对引用。如果公式所在单元格的位置改变，则绝对引用不变，相对引用改变，如$A1或A$1。

技巧秒杀

使用快捷键转换引用格式

将光标定位到公式中的单元格处，按【F4】键可在相对引用与绝对引用之间转换。

6.1.3　使用公式计算数据

在Excel 2016中计算数据时会经常使用公式，下面从输入公式、编辑公式和复制公式3个方面进行介绍。

1. 输入公式

在Excel 2016中输入公式的方法与输入数据的方法类似，只需选择需输入公式的单元格，在单元格或编辑栏中输入"="，接着输入公式内容，完成后按【Enter】键或单击编辑栏上的"输入"按钮✓。

在单元格中输入公式后，按【Enter】键可在计算出公式结果的同时选择同列的下一个单元格；按【Tab】键可在计算出公式结果的同时选择同行的下一个单元格；按【Ctrl+Enter】组合键则可在计算出公式结果后，仍保持当前单元格的选择状态。

2. 编辑公式

编辑公式与编辑数据的方法相同。选择含有公式的单元格，将文本插入点定位在编辑栏或单元格中需要修改的位置，按【Backspace】键删除多余或错误的内容，再输入正确的内容。完成后按【Enter】键即可完成对公式的编辑，Excel表格会自动计算新公式。

3. 复制公式

在Excel 2016中复制公式是较为便捷的，因为在复制公式的过程中，Excel会自动改变引用单元格的地址，可避免手动输入公式的麻烦，提高工作效率。通常通过【开始】/【剪贴板】组或单击鼠标右键，在弹出的快捷菜单中进行复制、粘贴；也可以通过拖拽控制柄进行复制；还可以选择添加了公式的单元格，按【Ctrl+C】组合键复制，然后选择要复制到的单元格，按【Ctrl+V】组合键粘贴就可完成对公式的复制。

6.1.4　使用函数计算数据

函数是Excel表格预定义的特殊公式，它是一种在需要时可直接调用的表达式，通过使用一些称为参数的特定数值来按特定的顺序或结构进行计算。在Excel 2016中使用函数可直接输入函数；或单击编辑栏中的"插入函数"按钮 *fx*，打开"插入函数"对话框，在"或选择类别"下拉列表中选择函数类别，在"选择函数"列表中选择需要的函数，单击 确定 按钮，如图6-3所示。打开"函数参数"对话框，将光标定位到"Number"参数框中，输入或在工作表中选择单元格区域，完成后单击 确定 按钮，如图6-4所示。

图6-3　选择函数

图6-4　设置函数参数

知识补充

嵌套函数

嵌套函数是指将某函数作为另一函数的参数使用。但当函数作为参数使用时，它返回的数值类型必须与参数使用的数值类型相同，如参数为整数值，那么嵌套函数也必须返回整数值，否则Excel表格将显示"#VALUE！"错误值。例如，=IF(B3>50000,IF(B3=MAX($B$3:$B$17),"2000",""),"")就应用了嵌套函数，MAX($B$3:$B$17)作为参数被嵌套在IF(B3=MAX($B$3:$B$17),"2000","")中，IF(B3=MAX($B$3:$B$17),"2000","")又作为另一个参数被嵌套在最外层的IF函数中。

6.1.5 办公常用函数解析

Excel 2016中提供了多种函数，每个函数的功能、语法结构及其参数的含义各不相同，除前面提到的SUM函数和AVERAGE函数外，常用的函数还有IF函数、MAX/MIN函数、COUNT函数、SUMIF函数、RANK函数和INDEX函数等。

- **SUM函数：** SUM函数的功能是对被选择的单元格或单元格区域进行求和计算，其语法结构为SUM(number1,number2,…)。其中，"number1,number2,…"表示若干个需要求和的参数。填写参数时，用户可以使用单元格地址（如E6,E7,E8），也可以使用单元格区域（如E6:E8），甚至可以混合输入（如E6,E7:E8）。

- **AVERAGE函数：** AVERAGE函数的功能是求平均值，计算方法是：将选择的单元格或单元格区域中的数据先相加，再除以单元格个数。其语法结构为AVERAGE(number1, number2,…)。其中，"number1,number2,…"表示需要计算平均值的若干个参数。

- **IF函数：** IF函数是一种常用的条件函数，它能判断真假值，并根据逻辑计算的真假值返回不同的结果。其语法结构为IF(logical_test,value_if_true,value_if_false)。其中，"logical_test"表示计算结果为"true"或"false"的任意值或表达式；"value_if_true"表示"logical_test"为"true"时要返回的值，可以是任意数据；"value_if_false"表示"logical_test"为"false"时要返回的值，也可以是任意数据。

- **MAX/MIN函数：** MAX函数的功能是返回被选中单元格区域中所有数值的最大值，MIN函数则用来返回所选单元格区域中所有数值的最小值。其语法结构为MAX/MIN(number1,number2,…)。其中"number1,number2,…"表示要筛选的若干个参数。

- **COUNT函数：** COUNT函数的功能是返回包含数字及包含参数列表中的数字的单元格的个数，通常利用它来计算单元格区域或数字数组中数字字段的输入项个数。其语法结构为COUNT(value1,value2,…)。其中，"value1, value2,…"为包含或引用各种类型数据的参数，但只有数字类型的数据才能被计算。

- **SUMIF函数：** SUMIF函数的功能是根据指定条件对若干单元格求和。其语法结构为SUMIF(range, criteria,sum_range)。其中，"range"为用于条件判断的单元格区域；"criteria"为确定哪些单元格将被作为相加求和的条件，其形式可以为数字、表达式或文本；"sum_range"为需要求和的实际单元格。

- **RANK函数：** RANK函数是排名函数，RANK函数常用于求某一个数值在某一区域内的排名。其语法结构为RANK(number,ref, order)。其中，"number"为需要找到排位的数字（单元格内必须为数字）；"ref"为数字列表数组或对数字列表的引用；"order"指明排位的方式，"order"的值为0和1，默认不用输入，得到的就是从大到小的排名，若是想求倒数第几名，"order"的值则应使用1。

- **INDEX函数：** INDEX函数是返回表或区域中的值或对值的引用。INDEX函数有两种形式：数组形式和引用形式。数组形式通常返回数值或数值数组，引用形式通常返回引用。数组形式的语法结构为INDEX(array,row_num,column_num)。其中array为单元格区域或数组常数；"row_num"为数组中某行的行序号，即函数从该行返回数值；"column_num"是数组中某列的列序号，即函数从该列返回数值；如果省略"row_num"，则必须有"column_num"；如果省略"column_num"，则必须有

"row_num"。引用形式的语法结构为INDEX(referenoo,row_num,column_num,area_num)，用于返回引用中指定单元格或单元格区域的引用。其中"reference"是对一个或多个单元格区域的引用，如果为引用输入一个不连续的选定区域，必须用括号括起来；"area_num"是选择引用中的一个区域，并返回该区域中"row_num"和"column_num"的交叉区域。"row_num、column_num"的含义与用法，与数组形式中的相同。

6.2 数据的统计分析

对于一些简单的求和、求最大值、求平均值和最小值等要求，用户可以通过管理数据来快速达到效果。例如，对数据进行排序，找出最大值与最小值；通过分类汇总查看各类数据的总和、平均值、最大值、最小值等。此外，还可筛选需要的数据。

6.2.1 数据排序

在Excel 2016中，用户可以使用数据排序功能对表格中的数据进行排序，以快速直观地显示数据并更好地理解数据、组织并查找所需数据。常用的排序方式有自动排序、多条件排序、自定义排序3种，下面分别进行介绍。

1. 自动排序

自动排序是指直接对选择的数据区域进行升序或降序的排列。选择要排列的数据区域后，单击【数据】/【排序和筛选】组中的"升序"按钮 或"降序"按钮 进行排序即可。

2. 多条件排序

对某列数据进行排序时，常会遇到几个数值相同的情况，此时可设置主、次关键字进行排序，即先按主要条件排序，当数值相同时，再按次要条件排序。下面对"产品销售数据.xlsx"工作簿进行排序，使其按"销售数量"降序排序，当"销售数量"相同时，按"产品规格"升序排序，具体操作如下。

 素材所在位置 素材文件\第6章\产品销售数据.xlsx
效果所在位置 效果文件\第6章\产品销售数据.xlsx

微课视频

STEP 1 打开"产品销售数据.xlsx"工作簿，选择 A2:F17 单元格区域，在【数据】/【排序和筛选】组中单击"排序"按钮 ，如图 6-5 所示。

图6-5 单击"排序"按钮

STEP 2 打开"排序"对话框，在"主要关键字"下拉列表中选择"销售数量"选项，在"次序"下拉

列表中选择"降序"选项，如图 6-6 所示。

图6-6 设置主要关键字

STEP 3 单击 添加条件(A) 按钮添加排序条件，然后在"次要关键字"下拉列表中选择"产品规格"选项，在"次序"下拉列表中选择"升序"选项，然后单击 确定 按钮，如图 6-7 所示。

图6-7 设置次要关键字

	产品销售数据					
	销售员	产品名称	产品规格	单价（元）	销售数量	销售额（元）
	张鑫	按摩椅	A01	￥ 4,000.00	15	￥ 60,000.00
	王 勇	按摩椅	A03	￥ 4,000.00	13	￥ 52,000.00
	刘旺	按摩椅	A01	￥ 4,000.00	11	￥ 44,000.00
	李大朋	按摩椅	A01	￥ 4,000.00	9	￥ 36,000.00
	柯乐	按摩椅	A01	￥ 4,000.00	9	￥ 36,000.00
	胡一凤	按摩椅	A01	￥ 4,000.00	9	￥ 36,000.00
	王开杰	按摩椅	A01	￥ 4,000.00	8	￥ 32,000.00
	田长贵	按摩椅	A01	￥ 4,000.00	7	￥ 28,000.00
	许 丹	按摩椅	A05	￥ 4,000.00	7	￥ 28,000.00
	梁华	按摩椅	A01	￥ 4,000.00	6	￥ 24,000.00
	孙国成	按摩椅	A06	￥ 4,000.00	6	￥ 24,000.00
	甘情琦	按摩椅	A04	￥ 4,000.00	5	￥ 20,000.00
	王明	按摩椅	A01	￥ 4,000.00	3	￥ 12,000.00
	赵 荣	按摩椅	A02	￥ 4,000.00	3	￥ 12,000.00
	程国平	按摩椅	A01	￥ 4,000.00	2	￥ 8,000.00
				合计：	113	452000

图6-8 查看效果

STEP 4 返回 Excel 2016 工作界面即可看到多条件排序的效果，如图 6-8 所示。

3. 自定义排序

在Excel 2016中，用户还可按照设置的排序规则进行排序。Excel 2016提供了内置的星期日期和年月自定义列表。使用自定义排序时，在"排序"对话框的"次序"下拉列表中选择"自定义序列"选项，再在打开的"自定义序列"对话框（见图6-9）中双击具体的自定义排序列表，或在右侧的列表中输入自定义的序列，单击 添加(A) 按钮，将其添加到"自定义序列"列表中，单击 确定 按钮即可将其添加到"次序"下拉列表中。

图6-9 "自定义序列"对话框

6.2.2 数据分类汇总

分类汇总是指将表格中同一类别的数据放在一起进行统计，因此，在分类汇总前需要通过排序的方式将同一类别的数据放在一起，再对其进行总额、平均值等统计。下面对"产品销售数据.xlsx"工作簿进行分类汇总，具体操作如下。

素材所在位置 素材文件\第6章\产品销售数据.xlsx
效果所在位置 效果文件\第6章\产品销售数据2.xlsx

微课视频

STEP 1 打开"产品销售数据.xlsx"工作簿，选择 C2:C17 单元格区域，单击【数据】/【排序和筛选】组中的"升序"按钮 ↓↑，在打开的"排序提醒"对话框中选中"以当前选定区域排序"单选项，单击 排序(S) 按钮，如图 6-10 所示。

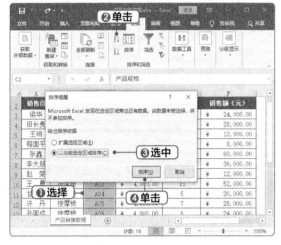

图6-10 排序数据

STEP 2 选择 A2:F17 单元格区域，在【数据】/【分级显示】组中单击"分类汇总"按钮，打开"分类汇总"对话框，在"分类字段"下拉列表中选择"产品规格"，在"汇总方式"下拉列表中选择"求和"选项，在"选定汇总项"列表中选中"销售数量"和"销售额（元）"复选框，单击 确定 按钮，如图 6-11 所示。

STEP 3 返回 Excel 2016 工作界面即可看到分类汇总的效果，如图 6-12 所示。

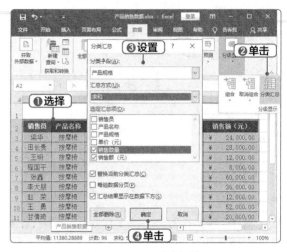

图6-11 设置分类汇总

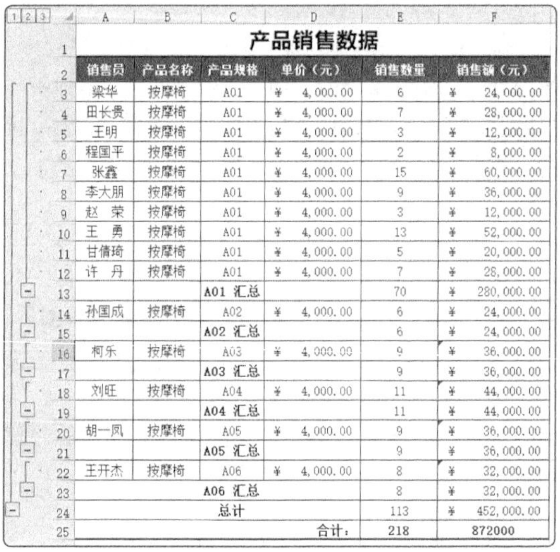

图6-12 查看效果

6.2.3 数据筛选

在数据量很大的工作表中，若只需显示满足某一个或某几个条件的数据，并隐藏其他的数据，可使用数据筛选功能。常用的筛选方式有自动筛选、自定义筛选和高级筛选3种，下面分别进行介绍。

1. 自动筛选

对工作表设置自动筛选后，可以在工作表中只显示满足给定条件的数据，其操作方法是：选择任意一个有数据的单元格，在【数据】/【排序和筛选】组中单击"筛选"按钮 ▼，工作表中每个表头数据对应的单元格右侧将出现 ▼ 按钮，在需要筛选数据列的字段名右侧单击 ▼ 按钮，在打开的下拉列表中取消中"（全选）"复选框，然后选中需要筛选数据对应的复选框，完成后单击 确定 按钮，如图6-13所示。

2. 自定义筛选

除了按给定的条件筛选，还可在自动筛选的基础上按自定义的筛选条件进行筛选。具体操作方法是：选择任意一个有数据的单元格，在【数据】/【排序和筛选】组中单击"筛选"按钮 ▼，在需要自定义筛选的字段名右侧单击 ▼ 按钮，在打开的下拉列表中选择【数字筛选】/【自定义筛选】选项或【文本筛选】/【自定义筛选】选项，打开"自定义自动筛选方式"对话框，设置自定义筛选条件后单击 确定 按钮，如图6-14所示。

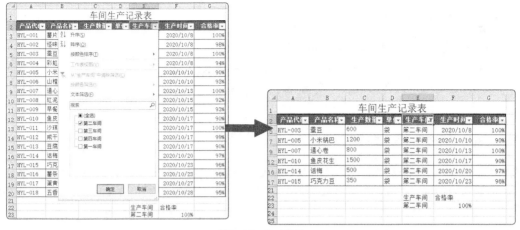

图6-13　自动筛选

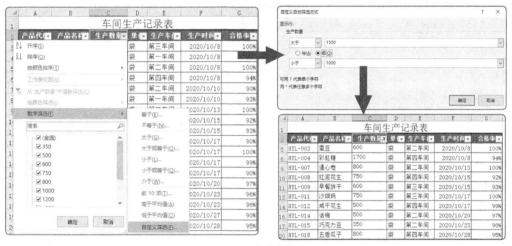

图6-14　自定义筛选

3. 高级筛选

高级筛选是自定义筛选的补充，与自定义筛选不同，高级筛选需要先输入两个或两个以上约束条件，再通过选择条件区域与筛选区域，最后得到筛选结果。高级筛选的具体操作方法是：在空白单元格中输入筛选条件，选择任意一个有数据的单元格，在【数据】/【排序和筛选】组中单击"高级"按钮 ，打开"高级筛选"对话框，选中"在原有区域显示筛选结果"或"将筛选结果复制到其他位置"单选项，然后在"列表区域"参数框中设置参与筛选的单元格区域，在"条件区域"参数框中设置筛选条件的单元格区域，在"复制到"参数框中设置复制到其他位置时的单元格区域，完成后单击 确定 按钮，如图6-15所示。

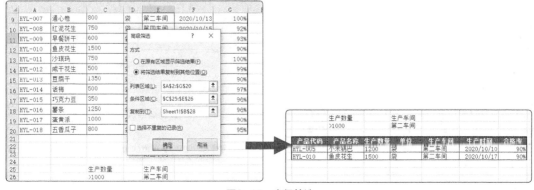

图6-15　高级筛选

6.3 数据的可视化分析

在Excel 2016中，可以使用图表、数据透视表和数据透视图来对比分析数据，使数据展示更加直观、清晰，下面即对图表、数据透视表和数据透视图进行介绍。

6.3.1 使用图表分析数据

在日常办公中，经常需要用图表显示各个数据的大小和变化情况，帮助用户分析数据，查看数据的差异、走势，以及预测发展趋势。下面在"硬件销售表.xlsx"中添加图表，并对图表进行编辑和样式美化，具体操作如下。

素材所在位置　素材文件\第6章\硬件销售表.xlsx
效果所在位置　效果文件\第6章\硬件销售表.xlsx

第2部分

STEP 1　打开"硬件销售表.xlsx"工作簿，选择需要创建图表的单元格区域，这里选择 B3:F6 单元格区域，在【插入】/【图表】组中单击"插入柱形图或条形图"按钮 ，在打开的下拉列表中选择"簇状柱形图"选项，如图 6-16 所示。

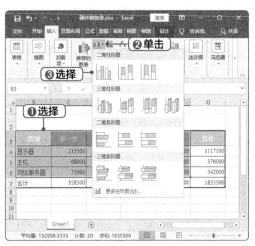

图6-16　创建图表

STEP 2　系统自动插入所选样式的图表，然后将"图表标题"文本修改为"2020 年硬件销售额对比"。在【图表工具 设计】/【数据】组中单击"切换行 / 列"按钮 ，如图 6-17 所示。

STEP 3　在【图表工具 设计】/【图表样式】组中单击"更改颜色"按钮 ，在打开的下拉列表中选择"彩色调色板 4"选项，如图 6-18 所示。

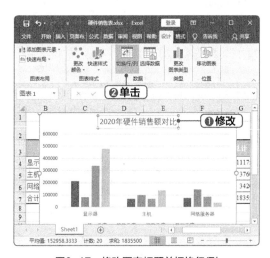

图6-17　修改图表标题并切换行/列

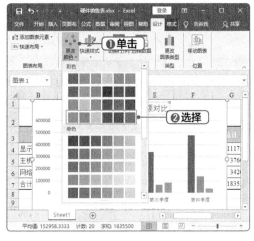

图6-18　更改图表颜色

STEP 4 在【图表工具 设计】/【图表布局】组中单击"添加图表元素"按钮 📊，在打开的下拉列表中选择【数据标签】/【数据标签外】选项，如图 6-19 所示。

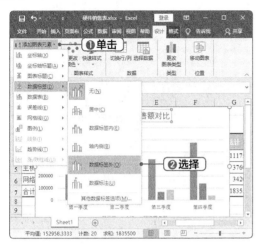

图6-19 添加数据标签

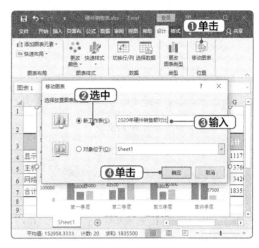

图6-20 移动图表

STEP 5 在【图表工具 设计】/【位置】组中单击"移动图表"按钮 📊，打开"移动图表"对话框，在"选择放置图表的位置"栏中选中"新工作表"单选项，在其后的文本框中输入工作表名称"2020 年硬件销售额对比"，单击 确定 按钮，如图 6-20 所示。

STEP 6 系统将在工作表标签最前面新建"2020年硬件销售额对比"工作表，查看效果如图 6-21 所示。

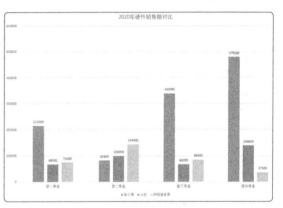

图6-21 查看效果

6.3.2 使用数据透视表分析

数据透视表能将大量繁杂的数据转换成可以用不同方式进行汇总的交互式表格。下面在"产品订单明细.xlsx"中创建数据透视表并分析数据，具体操作如下。

 素材所在位置 素材文件\第6章\产品订单明细.xlsx
效果所在位置 效果文件\第6章\产品订单明细.xlsx

微课视频

STEP 1 打开"产品订单明细.xlsx"工作簿，在【插入】/【表格】组中单击"数据透视表"按钮 📊，打开"创建数据透视表"对话框，在"表/区域"参数框中设置数据源为 G1:S130 单元格区域，选中"新工作表"单选项，单击 确定 按钮，如图 6-22 所示。

STEP 2 系统自动创建一个空白数据透视表，在"数据透视表字段"窗格中将"产品名称"拖曳到"筛选"列表中，将"销售人"拖曳到"行"列表中，将"数量"

和"总价"拖曳到"值"列表中，效果如图 6-23 所示。

STEP 3 此时将自动生成数据透视表，在【数据透视表工具 设计】/【数据透视表样式】组中选择"浅蓝，数据透视表样式中等深线 2"选项，如图 6-24 所示。

STEP 4 返回数据透视表中可查看设置的效果，如图 6-25 所示。单击"产品名称（全部）"单元格右侧的下拉按钮 ▾，在打开的下拉列表中选择"运动饮料"选项，如图 6-26 所示。

图6-22 创建数据透视表

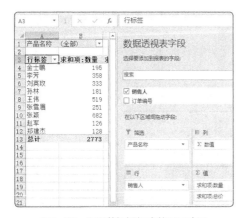

图6-23 设置数据透视表的显示字段

图6-24 应用样式

图6-25 查看应用样式的效果

图6-26 筛选数据

STEP 5 单击 确定 按钮即可筛选"运动饮料"的相关数据，效果如图 6-27 所示。

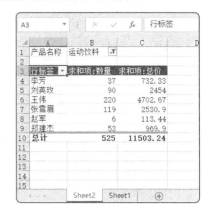

图6-27 查看筛选效果

6.3.3 使用数据透视图分析数据

数据透视图是根据数据透视表创建的，依赖数据透视表而存在。创建数据透视表后，用户可以直接在【数据透视表工具 分析】/【工具】组中单击"数据透视图"按钮，创建数据透视图，并使用与编辑图表相似的方法进行编辑，这里不再赘述。

此外，用户也可选择数据透视表区域，在【插入】/【图表】组中单击"数据透视图"按钮，创建数据透视表和数据透视图。

6.4 课堂案例：计算并分析"销售业绩"表格

销售业绩是对企业销售人员某个阶段开展销售业务的数据总结，一般按月、季度或年进行数据的计算与分析，以统计销售情况。

6.4.1 案例目标

本案例制作的"销售业绩"表格按季度对销售数据进行分析，制作完成后的参考效果如图6-28所示。

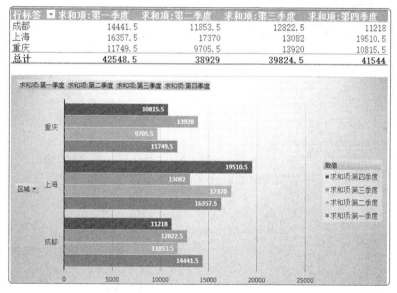

衣纺2020年销售业绩汇总表

区域	分店	店长	第一季度	第二季度	第三季度	第四季度	合计	平均
成都	春熙店	蒋万年	4354.0	4745.5	4308.5	3804.0	17212.0	4303.0
成都	金沙店	杜梓明	5404.5	3408.0	7107.0	4140.5	20060.0	5015.0
成都	同善店	萧仁贵	4683.0	3700.0	1407.0	3273.5	13063.5	3265.9
重庆	江北店	李名顺	3289.5	2459.5	3500.0	4092.0	13341.0	3335.3
重庆	渝北店	洪剑	2789.0	4107.5	5148.5	3674.5	15719.5	3929.9
重庆	武隆店	朱文秀	5671.0	3138.5	5271.5	3049.0	17130.0	4282.5
上海	世纪店	顾子全	6134.5	2798.0	3840.0	1870.0	14642.5	3660.6
上海	会展店	熊天宇	2735.0	5007.0	4837.0	4725.5	17304.5	4326.1
上海	东新店	孔凡	3401.0	3540.5	2430.0	6044.0	15415.5	3853.9
上海	黄浦店	邓茜博	4087.0	6024.5	1975.0	6871.0	18957.5	4739.4

行标签 ▼	求和项:第一季度	求和项:第二季度	求和项:第三季度	求和项:第四季度
成都	14441.5	11853.5	12822.5	11218
上海	16357.5	17370	13082	19510.5
重庆	11749.5	9705.5	13920	10815.5
总计	42548.5	38929	39824.5	41544

图6-28 "销售业绩"表格效果

素材所在位置 素材文件\第6章\销售业绩.xlsx
效果所在位置 效果文件\第6章\销售业绩.xlsx

微课视频

6.4.2 制作思路

要完成本案例的制作，需要先对表格数据进行计算并设置条件格式突出显示数据，然后创建数据透视表和数据透视图，对其格式进行设置。具体制作思路如图6-29所示。

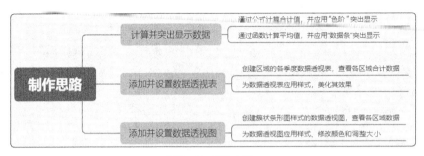

图6-29　制作思路

6.4.3　操作步骤

1. 计算并突出显示数据

下面在"销售业绩.xlsx"工作簿中使用公式和函数计算数据，然后添加条件格式突显重要数据，具体操作如下。

STEP 1　打开"销售业绩.xlsx"工作簿，选择 H3:H12 单元格区域，在其中输入公式"=D3+E3+ F3+G3"，如图 6-30 所示。

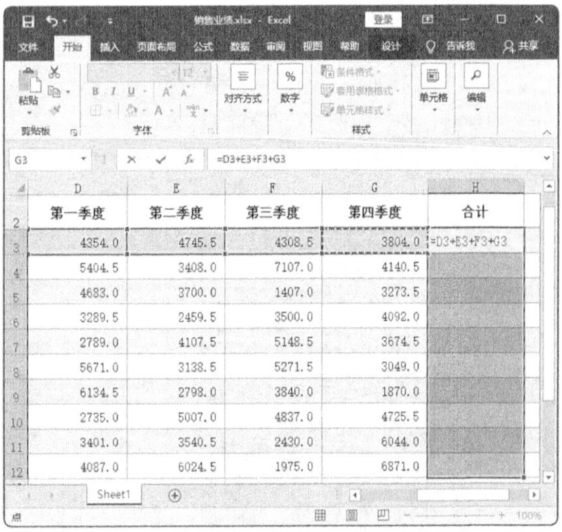

图6-30　输入公式

STEP 2　按【Ctrl+Enter】组合键获得计算结果，然后在【开始】/【样式】组中单击"条件格式"按钮 ，在打开的下拉列表中依次选择"色阶""绿 白色阶"选项，如图 6-31 所示。

STEP 3　选择 I3:I12 单元格区域，单击编辑栏中的"插入函数"按钮 ，打开"插入函数"对话框，在"选择函数"列表中选择"AVERAGE"选项，单击 确定 按钮，如图 6-32 所示。

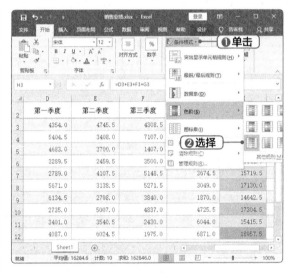

图6-31　应用条件格式

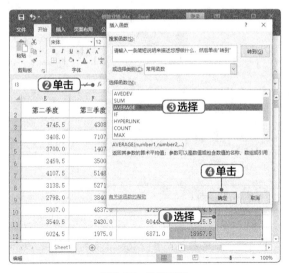

图6-32　选择函数

STEP 4 打开"函数参数"对话框，在工作表中框选 D3:G3 单元格区域，此时"Number1"参数框将自动填充所选择区域，单击 确定 按钮，如图 6-33 所示。

STEP 5 返回工作表得到计算结果，然后在【开始】/【样式】组中单击"条件格式"按钮，在打开的下拉列表中依次选择"数据条""蓝色数据条"选项，完成数据计算与格式设置。

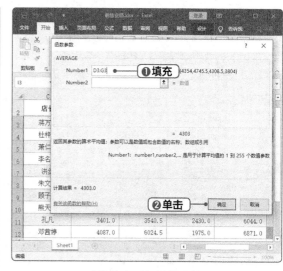

图6-33 设置函数参数

2. 添加并设置数据透视表

下面添加数据透视表，并美化其样式，具体操作如下。

STEP 1 选择 A2:I12 单元格区域，在【插入】/【表格】组中单击"数据透视表"按钮，打开"创建数据透视表"对话框，选中"现有工作表"单选项，在"位置"参数框中选择 C16 单元格，单击 确定 按钮，如图 6-34 所示。

图6-34 创建数据透视表

STEP 2 系统自动创建一个空白数据透视表，在"数据透视表字段"窗格中将"区域"拖曳到"行"列表中，将"第一季度""第二季度""第三季度""第四季度"拖曳到"值"列表中，如图 6-35 所示。

STEP 3 此时将自动生成数据透视表，在【数据透视表工具 设计】/【数据透视表样式】组中选择"浅蓝，数据透视表样式中等深线 11"选项，如图 6-36 所示，

3. 添加并设置数据透视图

下面添加数据透视图，并设置其格式，具体操作如下。

美化数据透视表样式。关闭"数据透视表字段"窗格。

图6-35 设置数据透视表字段

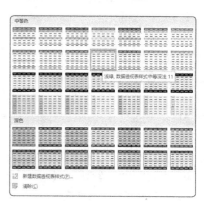

图6-36 美化数据透视表

STEP 1 在【数据透视表工具 分析】/【工具】组中单击"数据透视图"按钮，打开"插入图表"对话框，在"所有图表"栏中选择"条形图"选项，在右侧打开的界面中选择"簇状条形图"选项，如图 6-37 所示。

当调整图表的大小，使其与数据透视表的宽度一致。

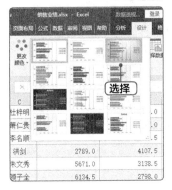

图6-38 设置图表样式

图6-37 插入数据透视图

STEP 2 单击 确定 按钮创建默认样式的数据透视图，在【数据透视图工具 设计】/【图表样式】组的列表中选择"样式 3"选项，如图 6-38 所示。

STEP 3 在【数据透视图工具 设计】/【图表样式】组中单击"更改颜色"按钮，在打开的下拉列表中选择"彩色调色板 2"选项，如图 6-39 所示。最后适

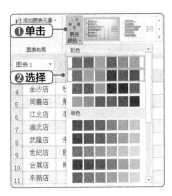

图6-39 更改图表颜色

6.5 强化实训：制作"员工工资"表格

本章介绍了Excel 2016表格数据处理与分析，下面通过一个实训，帮助读者强化本章所学知识。

员工工资表是每个公司都会制作的表格，其涉及的工资项目，除了基本工资、提成、奖金之外，还应该反映社保、住房公积金和所得税等数据。本实训通过公式和函数计算这些相关项目，并创建数据透视表和透视图分析各级别员工的工资数据。

【制作效果与思路】

完成本实训需要应用公式、函数、数据透视表和数据透视图等，制作完成后的效果如图6-40所示。具体制作思路如下。

（1）打开"员工工资.xlsx"工作簿，在E2:E21单元格区域中使用IF函数，按员工级别返回对应的基本工资，其公式为"=IF(C2="初级",3500,IF(C2="中级",5000,7000))"。

（2）在F2:F21单元格区域中使用公式计算工时工资，工时工资为每工时30元。

（3）在G2:G21单元格区域中使用公式计算工资合计，工资合计为基本工资与工时工资之和。然后依次计算住房公积金、养老保险、医疗保险和失业保险项目，其中住房公积金为工资合计的5%，养老保险为工资合计的8%，医疗保险为工资合计的2%再加上10，失业保险为工资合计的1%。

（4）在L2:L21单元格区域中使用SUM函数计算三险一金的扣除合计。在M2:M21单元格区域中使用公式计算计段工资，计段工资为工资合计与扣除合计之差。

（5）在N2:N21单元格区域中使用IF函数、SUM函数计算应纳税所得额，计算标准参考个税标准。要求应

纳税所得额小于0时，返回"－"，否则返回具体的应纳税所得额。

（6）在O2:O21单元格区域中使用IF函数计算个人所得税，要求应纳税所得额为"－"时，返回"0"，否则返回应纳税所得额与3%的乘积。最后在P2:P21单元格区域中输入"=M2-O2"，计算实发工资，实发工资为计段工资与个人所得税之差。

（7）为A1:P21单元格区域创建数据透视表，将"姓名"拖曳到"行"列表中，将"级别"拖曳到"列"列表中，将"实发工资"拖曳到"值"列表中。

（8）创建数据透视图为"簇状柱形图"，并将数据透视图字段中"值"区域的字段调整为"实发工资"，然后设置"姓名"的值筛选为"前8项"，最后修改图表颜色为"彩色调色板2"。

工号	姓名	级别	工时	基本工资	工时工资	工资合计	住房公积金	养老保险	医疗保险	失业保险	扣除合计	计段工资	应纳税所得额	个人所得税	实发工资
FY013	李雪莹	中级	166	5000.00	4980.00	9980.00	499.00	798.40	209.60	99.80	1606.80	8373.20	1766.40	52.99	8320.21
FY001	张敏	初级	149	3500.00	4470.00	7970.00	398.50	637.60	169.40	79.70	1285.20	6684.80	399.60	11.99	6672.81
FY002	宋子丹	初级	124	3500.00	3720.00	7220.00	361.00	577.60	154.40	72.20	1165.20	6054.80	-	0.00	6054.80
FY003	黄晓霞	高级	86	7000.00	2580.00	9580.00	479.00	766.40	201.60	95.80	1542.80	8037.20	1494.40	44.83	7992.37
FY004	刘伟	中级	134	5000.00	4020.00	9020.00	451.00	721.60	190.40	90.20	1453.20	7566.80	1113.60	33.41	7533.39
FY005	郭建军	中级	127	3500.00	3810.00	7310.00	365.50	584.80	156.20	73.10	1179.60	6130.40	-	0.00	6130.40
FY006	邓荣芳	初级	159	3500.00	4770.00	8270.00	413.50	661.60	175.40	82.70	1333.20	6936.80	603.60	18.11	6918.69
FY007	孙莉	高级	125	7000.00	3750.00	10750.00	537.50	860.00	225.00	107.50	1730.00	9020.00	2290.00	68.70	8951.30
FY008	黄俊	初级	120	3500.00	3600.00	7100.00	355.00	568.00	152.00	71.00	1146.00	5954.00	-	0.00	5954.00
FY009	陈子豪	中级	141	5000.00	4230.00	9230.00	461.50	738.40	194.60	92.30	1486.80	7743.20	1256.40	37.69	7705.51
FY010	蒋科	初级	136	3500.00	4080.00	7580.00	379.00	606.40	161.60	75.80	1222.80	6357.20	134.40	4.03	6353.17
FY011	万涛	中级	88	5000.00	2640.00	7640.00	382.00	611.20	162.80	76.40	1232.40	6407.60	175.20	5.26	6402.34
FY012	李强	初级	154	3500.00	4620.00	8120.00	406.00	649.60	172.40	81.20	1309.20	6810.80	501.60	15.05	6795.75
FY014	赵文峰	高级	93	7000.00	2790.00	9790.00	489.50	783.20	205.80	97.90	1576.40	8213.60	1637.20	49.12	8164.48
FY015	汪洋	初级	134	3500.00	4020.00	7520.00	376.00	601.60	160.40	75.20	1213.20	6306.80	93.60	2.81	6303.99
FY016	王彤彤	中级	130	5000.00	3900.00	8900.00	445.00	712.00	188.00	89.00	1434.00	7466.00	1032.00	30.96	7435.04
FY017	刘明亮	中级	147	3500.00	4410.00	7910.00	395.50	632.80	168.20	79.10	1275.60	6634.40	358.80	10.76	6623.64
FY018	宋健	高级	153	7000.00	4590.00	11590.00	579.50	927.20	241.80	115.90	1864.40	9725.60	2861.20	85.84	9639.76
FY019	顾晓华	初级	129	3500.00	3870.00	7370.00	368.50	589.60	157.40	73.70	1189.20	6180.80	-	0.00	6180.80
FY020	陈芳	中级	115	5000.00	3450.00	8450.00	422.50	676.00	179.00	84.50	1362.00	7088.00	726.00	21.78	7066.22

求和项:实发工资	列标签 ▼		
行标签 ▼	初级	高级	中级	总计
陈子豪			7705.508	7705.508
黄晓霞		7992.368		7992.368
李雪莹			8320.208	8320.208
刘伟			7533.392	7533.392
宋健		9639.764		9639.764
孙莉		8951.3		8951.3
王彤彤			7435.04	7435.04
赵文峰		8164.484		8164.484
总计		34747.916	30994.148	65742.064

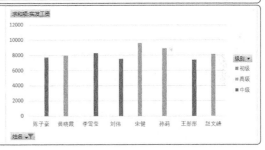

图6-40 "员工工资"表格效果

素材所在位置 素材文件\第6章\员工工资.xlxs
效果所在位置 效果文件\第6章\员工工资.xlxs

微课视频

6.6 知识拓展

下面对Excel 2016表格数据处理与分析的一些拓展知识进行介绍，以帮助读者更好地进行数据处理与分析的操作。

1. 用COUNTIFS函数按多条件进行统计

COUNTIFS函数用于计算区域中满足多个条件的单元格数目。其语法结构为COUNTIFS(Criteria_

range1,Criteria1,Criteria_range2,Criteria2,…），其中"criteria_range1,criteria_range2,…"是计算关联条件的1~127个区域，每个区域中的单元格必须是数字或包含数字的名称、数组或引用，空值和文本值会被忽略；"criteria1,criteria2,…"是数字、表达式、单元格引用或文本形式的1~127个条件，用于定义要对哪些单元格进行计算。

2. 迷你图

在分析一系列数值的趋势（如季节性增加或减少、经济周期等）时，可能需要在其后的每个单元格中创建微型图表，以便直观显示数据，这种图表被称为迷你图。迷你图可像公式一样进行复制，使用迷你图的方法为：选择要插入一个或多个迷你图的一个或一组空白单元格，在【插入】/【迷你图】组中单击要创建的迷你图的类型，在打开对话框中的"数据范围"参数框中输入创建迷你图的源数据单元格区域，单击 按钮。

3. 在图表中添加趋势线

趋势线用于预测未来的数据变化，常在图表中使用。添加趋势线的方法是：创建图表后，在【图表工具 设计】/【图表布局】组中单击"添加图表元素"按钮 ，在打开的下拉列表中选择"趋势线"选项，在打开的子列表中可选择具体的趋势线类型。

6.7 课后练习

本章主要介绍了Excel 2016表格数据处理与分析等知识，读者应加强对该部分知识的练习与应用。下面通过两个练习，帮助读者巩固该部分知识。

练习1 | 计算"日常办公费用"表格

"日常办公费用"表格用于企业各部门相关费用的统计和计算，以预计、监督和评判费用的使用情况。本练习将在"日常办公费用"表格中利用公式和函数分别计算各部门和各种费用的合计数，然后利用函数计算费用平均数，最后利用函数判断部门费用总额是否超支。制作完成的效果如图6-41所示。

日常办公费用								
项目	办公用品费用	机动车补助	节日福利	清洁费	交通费	部门合计	平均值	是否超支
总经办	125.50	350.00	800.00	150.00	200.00	1,625.50	325.10	是
行政部	100.00	200.00	400.00	75.00	100.00	875.00	175.00	否
销售部	79.00	300.00	400.00	80.00	100.00	959.00	191.80	否
财务部	85.00	240.00	400.00	90.00	100.00	915.00	183.00	否
企划部	75.00	180.00	400.00	40.00	100.00	795.00	159.00	否
技术研发部	92.00	350.00	400.00	150.00	100.00	1,092.00	218.40	是
费用合计	556.50	1,620.00	2,800.00	585.00	700.00	6,261.50	1,252.30	是
平均值	92.75	270	466.66667	97.5	116.6667	1043.5833	208.7167	

图6-41 "日常办公费用"表格效果

素材所在位置 素材文件\第6章\日常办公费用.xlxs
效果所在位置 效果文件\第6章\日常办公费用.xlxs

微课视频

操作要求如下。

（1）打开"日常办公费用.xlxs"，在H4:H10单元格区域中使用公式计算部门合计费用。

（2）在C10:H10单元格区域中使用SUM函数计算合计费用。

（3）在I4:I10单元格区域，以及C11:I11单元格区域中使用AVERAGE函数计算平均值。

（4）在J4:J10单元格区域中使用IF函数判断费用是否超支，判断条件为：部门合计与费用合计平均值的大小对比，超过则超支。

练习 2 分析“楼盘销售记录”表格

“楼盘销售记录”表格用于记录企业员工的销售数据，为了更好地查看对应内容并进行数据分析，下面对“楼盘销售记录”表格进行排序、汇总数据，最后根据汇总数据创建图表，参考效果如图6-42所示。

楼盘销售记录

楼盘名称	房源类型	开发公司	楼盘位置	开盘均价	总套数	已售	开盘时间
		安宁地产 汇总				190	
都新家园一期	预售商品房	都新房产	锦城街5号	6980	68	20	2021/1/1
都新家园二期	预售商品房	都新房产	黄门大道15号	7800	120	30	2020/3/1
都新家园三期	预售商品房	都新房产	黄门大道16号	7200	100	10	2020/6/1
世纪花园	预售商品房	都新房产	锦城街8号	6800	80	18	2020/9/1
		都新房产 汇总				78	
典居房一期	预售商品房	宏远地产	金沙路10号	5800	100	32	2020/1/10
都市森林一期	预售商品房	宏远地产	荣华道12号	7800	120	60	2020/3/22
都市森林二期	预售商品房	宏远地产	荣华道13号	8000	100	55	2020/9/3
典居房二期	预售商品房	宏远地产	金沙路11号	6200	150	36	2020/9/5
典居房三期	预售商品房	宏远地产	金沙路12号	9800	100	3	2020/12/3
		宏远地产 汇总				186	
碧海花园一期	预售商品房	佳乐地产	西华街12号	8000	120	35	2020/1/10
云天听海佳园一期	预售商品房	佳乐地产	柳巷大道354号	8000	90	45	2020/3/5
云天听海佳园二期	预售商品房	佳乐地产	柳巷大道355号	7800	80	68	2020/9/8
碧海花园二期	预售商品房	佳乐地产	西华街13号	9000	100	23	2020/9/10
		佳乐地产 汇总				171	
		总计				625	

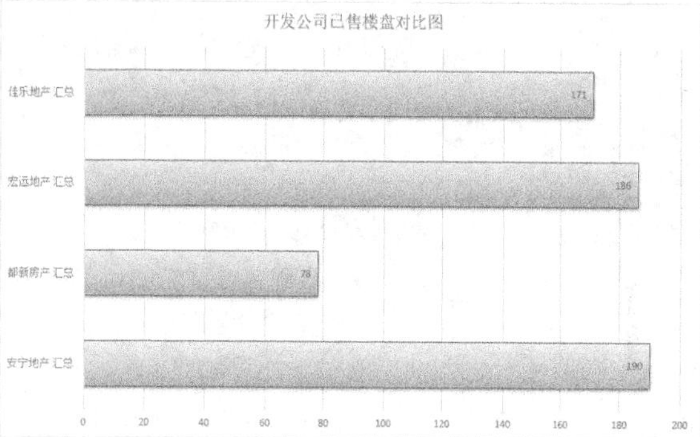

图6-42 “楼盘销售记录”表格效果

素材所在位置 素材文件\第6章\楼盘销售记录.xlxs
效果所在位置 效果文件\第6章\楼盘销售记录.xlxs

微课视频

操作要求如下。

（1）对“开发公司”列按升序排列，然后以“开发公司”为分类字段，“已售”为汇总项，进行分类汇总。

（2）选择2级汇总单元格区域，创建簇状条形图，为其应用“样式4”图表样式，修改图表颜色为“彩色调色板3”。

（3）修图图表标题为“开发公司已售楼盘对比图”，在图表内添加数据标签，适当调整图表大小完成操作。

第 7 章

PowerPoint 2016 演示文稿创建与编辑

/ 本章导读

　　演示文稿是办公中的常用文档，多在各种演讲、演示场合使用。PowerPoint 2016 是常用的制作演示文稿的软件，读者需要熟练使用 PowerPoint 2016，学会操作幻灯片、应用幻灯片版式、添加动态效果，以及放映与输出演示文稿。

/ 技能目标

　　掌握 PowerPoint 2016 的基本操作。

　　掌握演示文稿的美化方法。

　　掌握演示文稿动态效果的设置方法。

　　掌握演示文稿的放映与输出方法。

/ 案例展示

7.1 PowerPoint 2016 的基本操作

在制作演示文稿前，需要先熟悉PowerPoint 2016工作界面，并掌握如何新建与编辑幻灯片以及如何使用文本、图片、SmartArt图形和形状等，掌握制作演示文稿的基本操作方法。

7.1.1 了解 PowerPoint 2016 的工作界面

启动PowerPoint 2016后，新建一个空白文稿即可看到PowerPoint 2016的工作界面，如图7-1所示。PowerPoint 2016的工作界面与Word 2016和Excel 2016的工作界面基本类似。其中，快速访问工具栏、标题栏、功能选项卡等的结构及作用也很接近（选项卡的名称以及功能区的按钮会因为软件的不同而不同），下面介绍PowerPoint 2016工作界面中特有部分的功能。

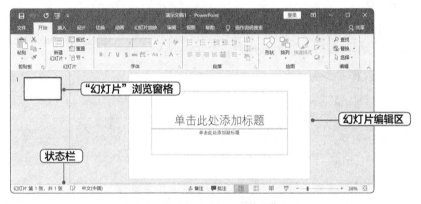

图7-1　PowerPoint 2016的工作界面

- **幻灯片编辑区：** 幻灯片编辑区位于演示文稿编辑区的中心，用于显示和编辑幻灯片的内容。在默认情况下，标题幻灯片中包含一个正标题占位符和一个副标题占位符，标题与内容幻灯片中包含一个标题占位符和一个内容占位符。
- **"幻灯片"浏览窗格：** "幻灯片"浏览窗格位于幻灯片编辑区的左侧，主要用于显示当前演示文稿中所有幻灯片的缩略图，单击某张幻灯片缩略图，可跳转到该幻灯片并在右侧的幻灯片编辑区中显示该幻灯片的内容。
- **状态栏：** 状态栏位于工作界面的底端，用于显示当前幻灯片的页面信息，主要由状态提示栏、"备注"按钮 ⌂、"批注"按钮 ▀、视图切换按钮组 回 器 嘼 早 、显示比例栏和最右侧的"按当前窗口调整幻灯片大小"按钮 6部分组成。单击"备注"按钮 ⌂ 和"批注"按钮 ▀，可以为幻灯片添加备注和批注内容，为演示者的演示做提醒、说明。拖曳显示比例栏中的缩放比例滑块，可以调节幻灯片的显示比例。单击状态栏最右侧的 按钮，可以使幻灯片显示比例自动适应当前窗口的大小。

7.1.2 新建与编辑幻灯片

演示文稿的新建、打开、关闭和保存等方法与Word文档、Excel电子表格的操作方法相同，本章不再赘述，这里对PowerPoint 2016特有的幻灯片的新建与编辑方法进行介绍。

1. 新建幻灯片

在新建的演示文稿中一般默认只有一张幻灯片，不能满足实际的编辑需要，因此需要用户手动创建幻灯片。新建幻灯片的方法主要有以下两种。

● **在"幻灯片"浏览窗格中新建幻灯片：**在"幻灯片"浏览窗格中的空白区域或者已有的幻灯片上单击鼠标右键，在弹出的快捷菜单中选择"新建幻灯片"命令，或直接按【Ctrl+M】组合键快速新建幻灯片。

● **通过"幻灯片"组新建幻灯片：**在普通视图或幻灯片浏览视图中选择一张幻灯片，在【开始】/【幻灯片】组中单击"新建幻灯片"按钮 📄下方的下拉按钮 ，在打开的下拉列表中选择一种幻灯片版式即可。

2. 选择幻灯片

选择幻灯片是编辑幻灯片的前提，选择幻灯片主要有以下3种方法。

● **选择单张幻灯片：**在"幻灯片"浏览窗格中单击幻灯片缩略图即可选择当前幻灯片。

● **选择多张幻灯片：**在幻灯片浏览视图或"幻灯片"浏览窗格中按住【Shift】键并单击幻灯片可选择多张连续的幻灯片，按住【Ctrl】键并单击幻灯片可选择多张不连续的幻灯片。

● **选择全部幻灯片：**在幻灯片浏览视图或"幻灯片"浏览窗格中按【Ctrl+A】组合键，即可选择全部幻灯片。

3. 应用幻灯片版式

如果对新建的幻灯片版式不满意，可进行更改。操作方法为：在【开始】/【幻灯片】组中单击"版式"按钮 📄，在打开的下拉列表中选择一种幻灯片版式，即可将其应用于当前幻灯片。

4. 移动和复制幻灯片

当需要调整某张幻灯片的顺序时，可直接移动该幻灯片。当需要使用某张幻灯片中已有的版式或内容时，可直接复制幻灯片。移动和复制幻灯片的方法主要有以下3种。

● **通过拖曳鼠标移动和复制幻灯片：**选择需移动的幻灯片，按住鼠标左键不放拖曳到目标位置后释放鼠标左键完成移动操作；选择幻灯片，按住鼠标左键不放的同时按住【Ctrl】键，将其拖曳到目标位置，完成幻灯片的复制操作。

● **通过菜单命令移动和复制幻灯片：**选择需移动或复制的幻灯片，在其上单击鼠标右键，在弹出的快捷菜单中选择"剪切"或"复制"命令；定位到目标位置，单击鼠标右键，在弹出的快捷菜单中选择"粘贴"命令，完成幻灯片的移动或复制。

● **通过快捷键移动和复制幻灯片：**选择需移动或复制的幻灯片，按【Ctrl+X】组合键（剪切）或【Ctrl+C】组合键（复制），然后在目标位置按【Ctrl+V】组合键粘贴，完成移动或复制操作。另外，在"幻灯片"浏览窗格或幻灯片浏览视图中选择幻灯片，按【Ctrl+X】组合键剪切幻灯片或按【Ctrl+C】组合键复制幻灯片，然后在目标位置按【Ctrl+V】组合键粘贴，均可完成移动或复制操作。

5. 删除幻灯片

在"幻灯片"浏览窗格或幻灯片浏览视图中均可删除幻灯片，操作方法如下。

● 选择要删除的幻灯片，然后单击鼠标右键，在弹出的快捷菜单中选择"删除幻灯片"命令。

● 选择要删除的幻灯片，按【Delete】键。

7.1.3 使用文本、图片、SmartArt 图形和形状

在PowerPoint 2016中同样可以添加与编辑文本、图片、SmartArt图形和形状。下面通过制作"企业简介.pptx"演示文稿，讲解文本、图片、SmartArt图形和形状的使用方法。具体操作如下。

素材所在位置	素材文件\第7章\建筑.jpg、图标1.png、图标2.png	
效果所在位置	效果文件\第7章\企业简介.pptx	

 微课视频

STEP 1 新建并保存一个名为"企业简介 .pptx"的演示文稿，拖曳鼠标指针框选幻灯片编辑区内的所有文本框，按【Delete】键删除。单击【插入】/【插图】组中的"形状"按钮🔾，在打开的下拉列表中选择"矩形"选项。

STEP 2 拖曳鼠标指针从幻灯片左侧开始绘制矩形，然后在【绘图工具 格式】/【形状样式】组中单击"形状填充"按钮🖎，在打开的下拉列表中选择【渐变】/【其他渐变】选项，如图 7-2 所示。

图7-2 绘制矩形

STEP 3 打开"设置形状格式"窗格，在"类型"下拉列表中选择"线性"选项，在"渐变光圈"栏中设置渐变颜色分别为"#0070E6"和"#4C9CEC"，如图 7-3 所示。

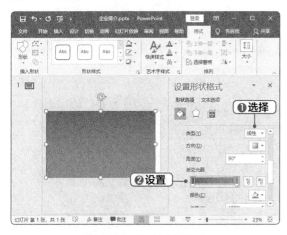

图7-3 设置渐变填充颜色

STEP 4 取消形状轮廓，单击【绘图工具 格式】/【插入形状】组中的"编辑形状"按钮🔳，在打开的下拉列表中选择"编辑顶点"选项，进入可编辑状态，拖曳鼠标指针调整形状的顶点，并在其右上角添加一个顶点，将其调整为图 7-4 所示的形状。

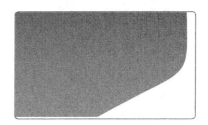

图7-4 编辑形状

STEP 5 复制并粘贴该形状，将其形状填充颜色设置为"金色，个性色 4，淡色 40%"，单击【绘图工具 格式】/【排列】组中的"下移一层"按钮🖿，移到第一个形状的下层。

STEP 6 在【插入】/【文本】组中单击"文本框"按钮🔲下方的下拉按钮，在打开的下拉列表中选择"绘制横排文本框"选项，拖曳鼠标指针在幻灯片编辑区中绘制文本框，输入文本"HONGYU TECHNOLOGY"，设置文本格式为"思源黑体；加粗；44；白色；背景 1"。

STEP 7 复制 2 个文本框，修改其中的文本，并设置第 2 个文本框的文本格式为"方正兰亭中黑简体、60"，设置第 3 个文本框的文本格式为"思源黑体、24"。绘制一个圆角矩形，在其中输入文本，并设置文本格式为"思源黑体、16"，设置形状填充为"白色，背景 1，深色 15%"，设置轮廓填充为"无轮廓"，效果如图 7-5 所示。

图7-5 添加文本

STEP 8 使用相同的方法，在左上角和右侧绘制圆形，并在右侧圆形中添加文本框，输入文本"宏宇科技"，设置文本格式为"方正兰亭中黑简体、60、文字阴影"，效果如图 7-6 所示。

图7-6 查看效果

STEP 9 新建一张空白幻灯片，单击【插入】/【图像】组中的"图片"按钮，在打开的下拉列表中选择"此设备"选项，在打开的对话框中选择"建筑.jpg"图片，单击 打开(O) 按钮插入图片，然后调整图片大小并进行裁剪，效果如图7-7所示。

图7-7 插入并裁剪图片

STEP 10 使用相同的方法，绘制形状，添加并编辑文本，最后再添加"图标1.png"和"图标2.png"图片，效果如图7-8所示。

图7-8 添加其他对象

STEP 11 复制第2张幻灯片顶部的图标和文本，新建一张空白幻灯片，将复制的内容粘贴到其中并修改文本，然后在右侧绘制一个颜色为"#0070E6"的矩形并插入竖排文本，效果如图7-9所示。

图7-9 新建幻灯片

STEP 12 单击【插入】/【插图】组中的"SmartArt"按钮，在打开的"选择SmartArt图形"对话框中选择"表层次结构"选项，单击 确定 按钮，如图7-10所示。

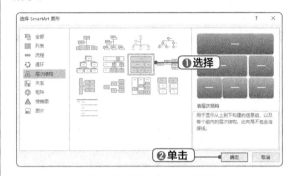

图7-10 添加SmartArt图形

STEP 13 返回幻灯片编辑区即创建出SmartArt图形，选择SmartArt图形中的所有形状，设置其填充颜色为"#0070E6"，如图7-11所示。

图7-11 设置SmartArt图形的填充颜色

STEP 14 在SmartArt图形中输入对应的文本，适当调整其大小，效果如图7-12所示。

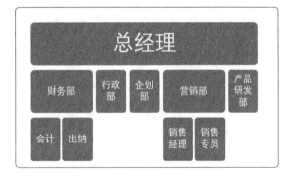

图7-12 输入文本并调整大小

STEP 15 完成后保存演示文稿，完成对文本、形状、图片和SmartArt图形的添加和编辑，最终效果如图7-13所示。

第2部分

图7-13　最终效果

7.2　演示文稿的美化

制作好演示文稿后还可以对演示文稿的整体效果进行美化，在PowerPoint 2016中可以通过设置幻灯片主题和母版快速美化演示文稿。

7.2.1　应用幻灯片主题

幻灯片主题和Word文档中提供的样式类似，需要将颜色、字体、格式、整体效果保持某一主题标准时，可将所需的主题应用于整个演示文稿。幻灯片主题的应用方法：在【设计】/【主题】组的列表中选择一种幻灯片主题，PowerPoint 2016会直接应用该主题样式，图7-14所示为常见的主题。

图7-14　常见的幻灯片主题

在编辑幻灯片的过程中，用户若自行设置了颜色、字体、格式或整体效果的标准，还可在该下拉列表中选择"保存当前主题"选项，将其保存在列表中以便下次使用。

7.2.2　设置幻灯片母版

幻灯片母版用于统一设置幻灯片的模板信息，包括占位符的格式和位置，背景和配色方案等，方便设置具有统一格式的演示文稿，从而减少重复输入，提高工作效率。通常情况下，如果要将同一背景、标志、标题文本及主要文本格式运用到整篇文稿的每张幻灯片中，就可以使用PowerPoint 2016的幻灯片母版功能。下面新建一个演示文稿，在其中设置母版并应用。具体操作如下。

素材所在位置　素材文件\第7章\商务.jpg
效果所在位置　效果文件\第7章\母版.pptx

微课视频

STEP 1　新建一个空白演示文稿，在【视图】/【母版视图】组中单击"幻灯片母版"按钮，进入幻灯片母版编辑状态。

STEP 2　选择第1张幻灯片"Office主题"，在【幻灯片母版】/【背景】组中单击"字体"按钮，在打开的卜拉列表中选择图7-15所示的选项，为幻灯片应用字体样式。

STEP 3　选择第2张幻灯片"标题幻灯片"，拖曳鼠标指针框选幻灯片底部的页脚内容，按【Delete】键删除，然后移动"母版标题样式"和"母版副标题样式"占位符至底部，并设置其层叠顺序为顶层。在该幻灯片中插入"商务.jng"图片，将其置于幻灯片的顶部，效果如图7-16所示。

图7-15　设置字体

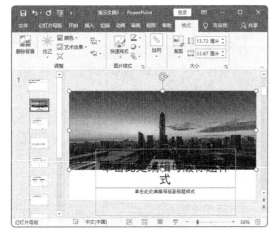

图7-16　编辑标题幻灯片

知识补充

设置 Office 主题幻灯片的重要性

Office主题幻灯片用于控制幻灯片母版中的所有幻灯片的样式。设置母版样式时，应首先设置该母版幻灯片的样式，以统一标题、字体、页眉、页脚格式，然后在此基础上再进行其他母版幻灯片样式的设置，如标题幻灯片、标题和内容幻灯片、节标题版式、两栏内容等。

STEP 4　在"标题幻灯片"中绘制一个形状填充为"#2E323E"，轮廓填充为"白色，背景1"，轮廓粗细为"6磅"的矩形，设置"母版标题样式"和"母版副标题样式"占位符中的字号、文本颜色分别为"52；白色，背景1""30；白色，背景1"，调整占位符大小和位置，效果如图7-17所示。

图7-17　绘制形状并调整占位符格式

STEP 5　选择第3张幻灯片"标题和内容"，在其底部绘制一个形状填充为"#2E323E"的矩形，将其放置在底层，并设置页脚占位符的文本颜色为"白色，背景1"，效果如图7-18所示。

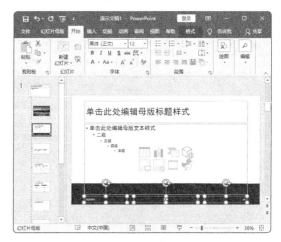

图7-18　绘制形状

STEP 6　选择第4张幻灯片"节标题"，在【幻灯片母版】/【背景】组中单击"背景样式"按钮🖼，在打开的下拉列表中选择"设置背景格式"选项，如图7-19所示。

STEP 7　打开"设置背景格式"窗格，选中"纯色填充"单选项，设置颜色为"#2E323E"，然后在幻灯片中设置所有占位符的文本颜色为"白色，背景1"，如图7-20所示。

STEP 8　设置该幻灯片中的标题占位符和副标题占位符的字号分别为"52""30"，设置对齐方式为居中对齐，效果如图7-21所示。

第2部分

图7-19　选择"设置背景格式"选项

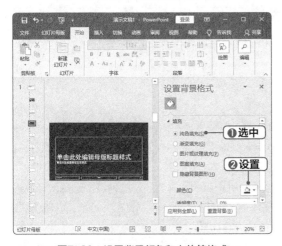

图7-20　设置背景颜色和占位符格式

图7-21　编辑占位符

STEP 9　使用相同的方法，设置第 5 张母版幻灯片的样式，效果如图 7-22 所示。

STEP 10　删除不需要的幻灯片母版，使用相同的方法设置其他母版幻灯片的样式，效果如图 7-23 所示。

STEP 11　在【幻灯片母版】/【关闭】组中单击"关闭母版视图"按钮 X，退出幻灯片母版。在【开始】/【幻灯片】组中单击"新建幻灯片"按钮 或"版式"按钮，在打开的下拉列表中即可选择需要应用的母

版幻灯片，如图 7-24 所示。最后保存为"母版 .pptx"。

图7-22　第5张母版幻灯片效果

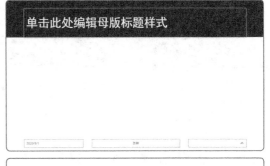

图7-23　其他母版幻灯片效果

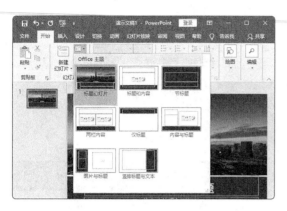

图7-24　应用母版幻灯片

7.3　演示文稿的动态效果设置

PowerPoint 2016可以通过添加切换效果、动画效果、超链接和动作来设置动态效果，下面分别进行介绍。

7.3.1　为幻灯片应用切换效果

幻灯片切换是PowerPoint 2016为幻灯片从一张切换到另一张时提供的动态视觉显示方式，可使幻灯片在放映时更加生动。为幻灯片应用切换效果的方法：选择要应用切换效果的幻灯片，在【切换】/【切换到此幻灯片】组的下拉列表中选择需要的切换效果，然后在【切换】/【计时】组的"声音"下拉列表中选择声音效果，在"持续时间"数值框中设置效果的显示时间，在"换片方式"栏中设置换片方式，如图7-25所示。单击"应用到全部"按钮，还可以将该切换效果应用到演示文稿的所有幻灯片上。

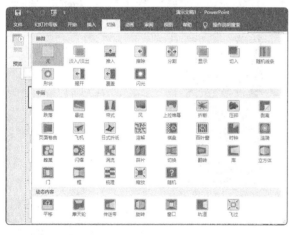

图7-25　为幻灯片应用切换效果

7.3.2　为对象添加动画效果

对幻灯片中的各种对象而言，可以有进入、强调、退出或动作路径等多种类型的动画效果，当然也可以在一个对象上使用多种不同类型的动画效果。不管是添加哪种动画效果，操作方法都是类似的：在幻灯片中选择需要添加动画的对象，如文本、形状、图片等，然后在【动画】/【动画】组中单击"动画样式"按钮★，在打开的下拉列表中选择需要应用的动画效果（见图7-26），或者自行绘制动作路径。

图7-26　为对象添加动画效果

添加动画效果后，还可以通过"动画"选项卡中的各功能组进行动画的效果选项、计时和触发器等属性设置，使动画播放效果更自然、流畅。

- **效果选项设置：**在【动画】/【动画】组中单击"效果选项"按钮↑，在打开的下拉列表中可设置动画的效果，如"飞入"动画就可以设置飞入方向，如图7-27所示。
- **计时设置：**在【动画】/【计时】组中可以设置动画放映的开始方式、持续时间和延迟时间，当存在多个动画效果时，还可以单击 ▲ 向前移动或 ▼ 向后移动 按钮设置其顺序。
- **触发器设置：**触发器是指该动画效果在触发了指定的操作后才能播放。选择动画效果后，在【动画】/【高级动画】组中单击"触发"按钮 ⚡，在打开的下拉列表中可选择触发的方式，在打开的子列表中可选择触发的行为，如图7-28所示。

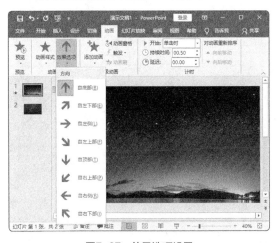

图7-27　效果选项设置

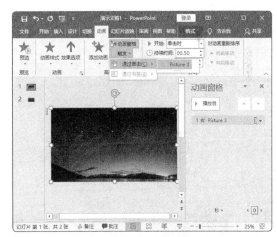

图7-28　触发器

7.3.3　添加超链接

一些大型的演示文稿，其内容较多，信息量很大，通常会通过超链接对演示文稿中的内容进行跳转，以快速定位到需要的位置。添加超链接的方法：选择需要创建超链接的对象，在【插入】/【链接】组中单击"链接"按钮🌐,打开"插入超链接"对话框，在"链接到"列表中选择超链接的链接方式，在右侧的界面中可进行具体设置。例如，选择"本文档中的位置"选项后，可在"请选择文档中的位置"列表中选择要链接到的幻灯片，完成后单击 确定 按钮，如图7-29所示。设置超链接后，按【Ctrl】键的同时单击超链接，即可跳转到设置的幻灯片位置。

图7-29　添加超链接

7.3.4　添加动作

在幻灯片中还可以通过为对象添加动作，设置鼠标单击或悬停时的交互效果。操作方法：选择需要添加动作的对象，在【插入】/【链接】组中单击"动作"按钮 ★ ，打开"操作设置"对话框，在"单击鼠标"选项卡和"鼠标悬停"选项卡中可设置单击鼠标或鼠标悬停时发生的动作，包括超链接到幻灯片、运行程序、运行宏、对象动作等，还可设置是否播放声音，以及单击（或鼠标移过）时是否突出显示，如图7-30所示。

图7-30　添加动作

7.4　演示文稿的放映与输出

制作好演示文稿后，就可以对演示文稿进行放映、打包与输出了，下面即对演示文稿的放映与输出方法进行介绍。

7.4.1　放映演示文稿

制作演示文稿的最终目的是放映，在PowerPoint 2016中，可以设置演示文稿的放映方式，并通过排练计时、录制旁白等满足用户放映演示文稿的不同需求。下面对"工作总结报告.pptx"演示文稿进行排练计时放映设置，具体操作如下。

第2部分

素材所在位置 素材文件\第7章\工作总结报告.pptx
效果所在位置 效果文件\第7章\工作总结报告.pptx

STEP 1 打开"工作总结报告.pptx"演示文稿，在【幻灯片放映】/【设置】组中单击"设置幻灯片放映"按钮，打开"设置放映方式"对话框，在"放映类型"栏中选中"演讲者放映（全屏幕）"单选项，在"放映选项"栏中选中"禁用硬件图形加速"复选框，单击"绘图笔颜色"右侧的"颜色"按钮，在打开的下拉列表中选择"黄色"选项。

STEP 2 在"放映幻灯片"栏中选中"从"单选项，激活数值框，在数值框中输入"1"和"5"，在"推进幻灯片"栏中选中"手动"单选项，单击 确定 按钮完成放映设置，如图 7-31 所示。

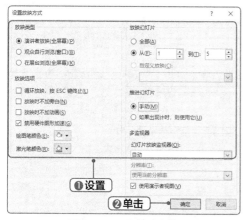

图7-31 设置放映方式

STEP 3 在【幻灯片放映】/【设置】组中单击"排练计时"按钮，进入放映排练状态，打开"录制"工具栏并自动为该幻灯片计时。

STEP 4 该张幻灯片播放完成后，在"录制"工具栏中单击"下一项"按钮 → 或直接单击，便可切换到下一张幻灯片，并且"录制"工具栏中的时间又将从零开始为该张幻灯片的放映进行计时，如图 7-32 所示。

图7-32 开始排练计时放映

STEP 5 当需要添加墨迹注释时，单击鼠标右键，在弹出的快捷菜单中选择【指针选项】/【荧光笔】命令，如图 7-33 所示。拖曳鼠标指针在需要添加墨迹的地方进行绘制，如图 7-34 所示。

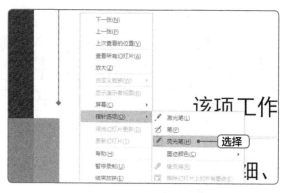

图7-33 选择【指针选项】/【荧光笔】命令

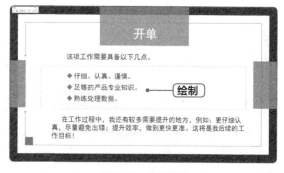

图7-34 绘制墨迹

STEP 6 使用相同的方法为其他幻灯片添加墨迹，所有幻灯片放映结束后将打开提示对话框，询问是否保留墨迹注释和幻灯片的排练时间，这里依次单击 保留(K) 按钮和 是(Y) 按钮进行保存，如图 7-35 所示。

图7-35 保存设置

第 **7** 章 PowerPoint 2016演示文稿创建与编辑

STEP 7 返回演示文稿中，仕【幻灯片放映】/【设置】组中选中"使用计时"复选框，取消选中"播放旁白"复选框，然后单击【幻灯片放映】/【开始放映幻灯片】组中的"从头开始"按钮即可按照排练计时的设置进行放映，如图7-36所示。

STEP 8 在【视图】/【演示文稿视图】组中单击"幻灯片浏览"按钮，切换到"幻灯片浏览"视图，每张幻灯片的右下角将显示放映该张幻灯片所需的时间，如图7-37所示。

图7-36　放映排练计时

图7-37　查看排练计时

知识补充

录制旁白

在【幻灯片放映】/【设置】组中单击"录制幻灯片演示"按钮，在打开的下拉列表中选择"从当前幻灯片开始录制"，打开"录制幻灯片演示"对话框，选中"旁白、墨迹和激光笔"复选框，单击开始放映(R)按钮进入幻灯片录制状态，录制旁白完成后按【Esc】键退出，此时录制旁白的幻灯片中将会出现声音文件图标。在【幻灯片放映】/【设置】组中选中"播放旁白"复选框可在放映演示文稿时使用旁白。

7.4.2　打包演示文稿

演示文稿制作好以后，如果需要在其他计算机上进行放映，可以将制作的演示文稿打包，这样可以内嵌字体等，不会发生由于其他计算机缺少字体而跳版的现象。操作方法为：选择【文件】/【导出】命令，打开"导出"界面，选择"将演示文稿打包成CD"选项，然后单击"打包成CD"按钮，打开"打包成CD"对话框，单击复制到文件夹(F)按钮，在打开的"复制到文件夹"对话框的"文件夹名称"文本框中输入文件夹名称，并设置保存位置，单击确定按钮。打开提示对话框，提示是否一起打包链接文件，单击是(Y)按钮，如图7-38所示，系统开始自动打包演示文稿，完成后返回"打包成CD"对话框，单击关闭(C)按钮。

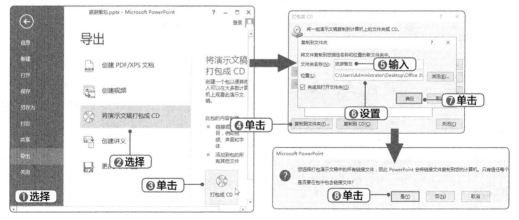

图7-38　打包演示文稿

7.4.3 导出演示文稿

PowerPoint 2016除了可以对演示文稿进行打包，还可以将其导出为PDF/XPS文档、视频、动态GIF、讲义等。导出演示文稿的方法与打包类似，具体方法为：选择【文件】/【导出】命令，打开"导出"界面，在该界面中选择需要导出的格式，在打开的对话框中设置导出的路径和输入文件名称，单击 保存(S) 按钮。图7-39所示为导出为视频的操作过程。

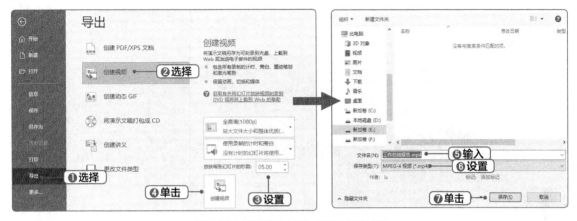

图7-39　导出演示文稿为视频的操作过程

7.5 课堂案例：制作"入职培训"演示文稿

入职培训的对象一般是企业新进职员，开展入职培训可起到端正员工的工作思想和工作态度的作用。不同的企业对员工培训的重点和内容不同，其目的也会有所区别。对员工进行有目的、有计划的培养和训练，可以使员工更新专业知识、端正工作态度。

7.5.1 案例目标

"入职培训"演示文稿是人们经常制作的文档，使用PowerPoint 2016制作"入职培训"演示文稿，可以使演示文稿图文并茂、交互性强。本案例中，"入职培训"演示文稿制作完成后的参考效果如图7-40所示。

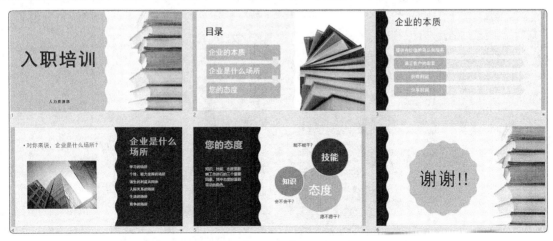

图7-40　"入职培训"演示文稿效果

素材所在位置 素材文件\第7章\入职培训\
效果所在位置 效果文件\第7章\入职培训.pptx

7.5.2 制作思路

完成本案例需要灵活应用母版、形状、图片、SmartArt图形、文本格式设置，需要添加动画和超链接等，具体制作思路如图7-41所示。

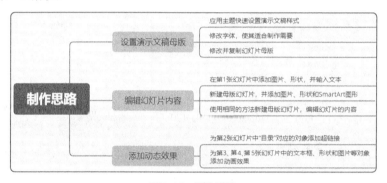

图7-41 制作思路

7.5.3 操作步骤

1. 设置演示文稿母版

下面新建"入职培训.pptx"演示文稿，进入"母版幻灯片"视图设置演示文稿的母版，具体操作如下。

STEP 1 启动 PowerPoint 2016，新建一个空白演示文稿，并将其保存为"入职培训.pptx"。

STEP 2 在【视图】/【母版视图】组中单击"幻灯片母版"按钮，进入幻灯片母版编辑状态。选择第1张幻灯片"Office 主题"，在【幻灯片母版】/【编辑主题】组中单击"主题"按钮，在打开的下拉列表中选择"徽章"选项，如图7-42所示。快速为演示文稿应用 PowerPoint 2016 预设的主题样式。

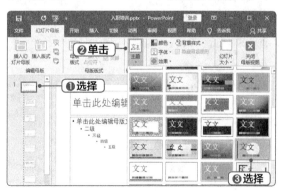

图7-42 在母版视图中应用主题

STEP 3 在【幻灯片母版】/【背景】组中单击"字体"按钮，在打开的下拉列表中选择图 7-43 所示的选项，为幻灯片应用字体样式。

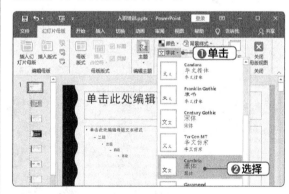

图7-43 更改母版的字体样式

STEP 4 选择第2张幻灯片"标题幻灯片"，在金色区域单击鼠标右键，在弹出的快捷菜单中选择"设置背景格式"命令，打开"设置背景格式"窗格，设置填充颜色为"白色，背景 1"。选择该幻灯片中间的形状，设置其填充颜色为"橙色"，效果如图 7-44所示。

图7-44　修改母版幻灯片的样式

STEP 5　选择第 9 张幻灯片"内容与标题"，按
【Ctrl+C】组合键复制，按【Ctrl+V】组合键粘贴，
调整粘贴后的幻灯片中的形状和文本框占位符的位

置，效果如图 7-45 所示。完成后在【幻灯片母版】/
【关闭】组中单击"关闭母版视图"按钮⊠，退出幻
灯片母版。

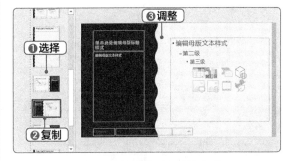

图7-45　复制并调整母版幻灯片

2. 编辑幻灯片内容

下面在演示文稿中为幻灯片添加内容，包括文本、形状、图片、SmartArt图形等，具体操作如下。

STEP 1　在幻灯片编辑区中插入"背景 .jpg"图片，
对其进行水平翻转操作。将母版幻灯片中第 1 张幻灯
片左侧的形状复制到幻灯片编辑区中，修改其形状填
充为"橙色"，然后绘制一个"橙色"的矩形，选择
这两个形状，在【绘图工具 格式】/【插入形状】组
中单击"合并形状"按钮◎，在打开的下拉列表中选
择"结合"选项，如图 7-46 所示。

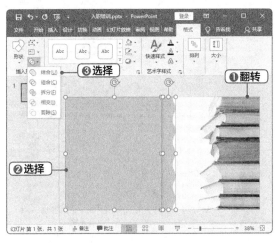

图7-46　添加图片和形状

STEP 2　完成后选择背景图片与合并后的形状，单
击鼠标右键，在弹出的快捷菜单中选择"置于底层"
命令，将文本框占位符显示出来。调整文本框占位符
的位置，输入文本，效果如图 7-47 所示。

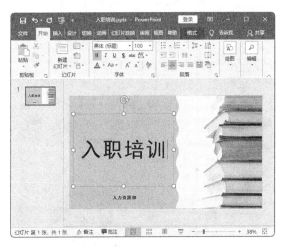

图7-47　输入文本

STEP 3　在【开始】/【幻灯片】组中单击"新建
幻灯片"按钮，在打开的下拉列表中选择"内容与
标题"选项，如图 7-48 所示。

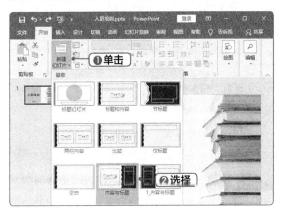

图7-48　新建幻灯片

STEP 4 复制第 1 张幻灯片左侧的形状，粘贴到第 2 张幻灯片中，将其形状填充修改为"白色，背景 1"，移动到幻灯片右侧，然后添加"插图 .jpg"图片，调整其大小和位置，效果如图 7-49 所示。

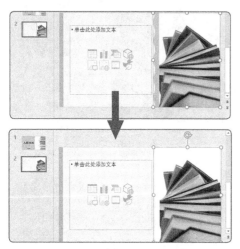

图7-49　编辑幻灯片

STEP 5 在文本框中输入"目录"，取消项目符号格式，并设置其文本格式为"51；黑色，文字 1"。然后插入"交错流程"样式的 SmartArt 图形，在其中输入文本，并调整图形的整体大小及矩形、箭头的位置和大小，效果如图 7-50 所示。

图7-50　编辑"目录"

STEP 6 新建一个"标题和内容"幻灯片，在标题占位符文本框中输入"企业的本质"，然后单击下方占位符中的"插入 SmartArt 图形"按钮，插入"垂直箭头列表"样式的 SmartArt 图形，在其中输入文本并调整其大小，效果如图 7-51 所示。

STEP 7 新建一个"内容与标题"幻灯片，使用相同的方法在其中输入文本，添加"企业 .jpg"图片，

3. 添加动态效果

下面为幻灯片添加超链接和动画效果，最后再放映预览效果，具体操作如下。

STEP 1 选择第 2 张幻灯片中"企业的本质"矩形形状，在【插入】/【链接】组中单击"链接"按钮，打开"插入超链接"对话框，在"链接到"列

效果如图 7-52 所示。

图7-51　添加第3张幻灯片

图7-52　添加第4张幻灯片

STEP 8 使用相同的方法，新建"1_ 内容与标题"幻灯片和"标题幻灯片"幻灯片，在其中输入文本，添加形状和文本框等，效果如图 7-53 所示。

图7-53　添加第5张幻灯片和第6张幻灯片

表中选择"本文档中的位置"选项后，在"请选择文档中的位置"列表中选择"3. 企业的本质"选项，单击 确定 按钮，如图 7-54 所示。

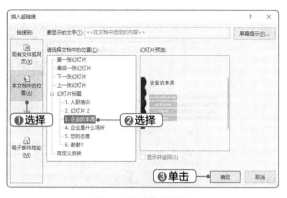

图7-54 添加超链接

STEP 2 使用相同的方法，为"企业是什么场所"矩形形状添加第 4 张幻灯片超链接，为"您的态度"矩形形状添加第 5 张幻灯片超链接。

STEP 3 选择第 3 张幻灯片，在 SmartArt 图形上单击鼠标右键，在弹出的快捷菜单中选择"转换为形状"命令，再次单击鼠标右键，在弹出的快捷菜单中选择【组合】/【取消组合】命令，将 SmartArt 图形打散，便于添加动画效果。

STEP 4 选择第一行的 2 个形状，在【动画】/【动画】组中单击"动画样式"按钮★，在打开的下拉列表中选择"飞入"选项，如图 7-55 所示。使用相同的方法，为该幻灯片中的每行形状都添加"飞入"动画效果。

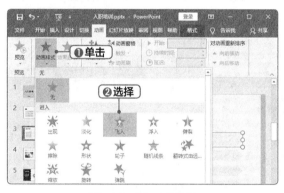

图7-55 添加动画效果

STEP 5 选择第 4 张幻灯片，同时选择左侧的文本框和图片，为其添加"缩放"动画效果，在【动画】/【计时】组中的"开始"下拉列表中选择"上一动画之后"选项，如图 7-56 所示。然后为右侧的第 2 个文本框中的每行文本添加"随机线条"动画效果，完成后的效果如图 7-57 所示。

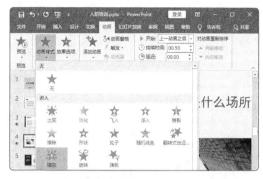

图7-56 添加并编辑动画效果

图7-57 为每行文本添加动画效果

STEP 6 选择第 5 张幻灯片，为左侧第 2 个文本框添加"放大 / 缩小"动画效果，在【动画】/【计时】组的"开始"下拉列表中选择"上一动画之后"选项。为"知识"形状添加"弹跳"动画效果，为"技能"形状添加"弹跳"动画效果，在【动画】/【计时】组的"开始"下拉列表中选择"上一动画之后"选项，设置"延迟"为"00.05"，为"态度"形状添加"弹跳"动画效果，在【动画】/【计时】组的"开始"下拉列表中选择"上一动画之后"选项，设置"延迟"为"00.05"。最后依次为"会不会干？"文本框、"能不能干？"文本框、"愿不愿干？"文本框添加"轮子"动画效果，添加后的效果如图 7-58 所示。

图7-58 为第5张幻灯片添加动画效果

STEP 7 保存演示文稿，按【F5】键放映演示文稿，查看制作完成后的效果，如图 7-59 所示。

图7-59　放映演示文稿、查看效果

7.6　强化实训：编辑"公司形象宣传"演示文稿

本章介绍了PowerPoint 2016演示文稿的创建与编辑，下面通过一个实训，帮助读者强化本章所学知识。

"公司形象宣传"演示文稿涉及公司形象展示，应当真实可靠，切忌使用虚假夸大的信息。此外，演示文稿的效果要美观、大方，给观众良好的视觉印象。

【制作效果与思路】

完成本实训需要新建"公司形象宣传.pptx"演示文稿，在其中绘制形状，编辑图片，输入文本，添加切换效果和动画效果。"公司形象宣传"演示文稿制作完成后的参考效果如图7-60所示。具体制作思路如下。

图7-60　"公司形象宣传"演示文稿

素材所在位置　素材文件\第7章\公司形象宣传\
效果所在位置　效果文件\第7章\公司形象宣传.pptx

微课视频

（1）新建"公司形象宣传.pptx"演示文稿，设置其背景颜色为"白色，背景1，深色5%"，并应用到所有幻灯片。然后在第1张幻灯片中添加"背景.jpg"图片，绘制深蓝色的圆形和白色的圆形，设置白色圆形的透明度为"40%"，在右下角绘制与背景色一致的矩形，然后输入文本，设置文本字体为"思源黑体 CN Light"，根据需要调整字号。

（2）新建第2张幻灯片，在幻灯片顶部绘制深蓝色的半圆和黑色的圆形，输入数字和文本。在下方添加"地产.jpg"图片，为其应用"棱台形椭圆，黑色"样式，并取消其描边效果，调整图片大小，在其右侧绘制灰色的线条，继续绘制深蓝色的矩形，插入文本框输入文本。

（3）复制第2张幻灯片左上角的形状和文字，新建第3张幻灯片，粘贴复制的内容，修改文本。然后插入"钢铁.jpg"图片，绘制形状并输入文本，添加"图标1.png"和"图标2.png"图片。

（4）使用相同的方法，制作第4、第5、第6张幻灯片，依次在其中添加"石化.jpg""交通.jpg""结束.png"图片，绘制形状并添加文本。

（5）为第1张和第6张幻灯片添加"涟漪"切换效果，设置持续时间为"01.40"。为第2~5张幻灯片添加"棋盘"切换效果，设置持续时间为"00.50"。

（6）为第4张幻灯片底部的文本框添加"飞入"动画效果，为第5张幻灯片左侧的对象添加"出现"动画效果，并设置第一个文本框和形状的"开始"为"上一动画之后"，第二个文本框的"开始"为"单击时"。

7.7 知识拓展

下面对PowerPoint 2016演示文稿的创建与编辑的一些拓展知识进行介绍，以帮助读者更好地进行演示文稿的制作。

1. 表格的使用

表格在PowerPoint 2016中也经常被使用，在【插入】/【表格】组中单击"表格"按钮▦，在打开的下拉列表中选择需插入的表格的行数和列数，或选择"插入表格"选项，打开"插入表格"对话框进行详细设置。插入表格后，可以对表格格式进行设置，设置方法与在Excel 2016中设置表格格式的方法类似。

2. 图表的使用

在PowerPoint 2016中也可以使用图表，操作方法为：在【插入】/【插图】组中单击"图表"按钮▦，打开"插入图表"对话框，在其中选择需要添加的图表，单击 确定 按钮将插入图表并启动Excel表格，在其中可编辑表格数据，以详细设置图表。

3. 动画刷

如果需要为多个对象设置相同的动画效果，可使用动画刷快速实现。其原理与复制、粘贴文本类似，选择需要复制的动画效果，在【动画】/【高级动画】组中双击 ★动画刷 按钮，在需要应用相同动画效果的对象上依次单击即可。

4. 通过"动画窗格"设置动画属性

在【动画】/【高级动画】组中单击 ▦动画窗格 按钮，打开"动画窗格"窗格，在需要编辑的动画效果上单击鼠标右键，在弹出的快捷菜单中选择"效果选项""计时"等命令，在打开的对话框中可对动画效果的属性进行更详细的设置。

7.8 课后练习

本章主要介绍了PowerPoint 2016演示文稿的创建与编辑等知识，读者应加强对该部分知识的练习与应用。下面通过两个练习，帮助读者巩固该部分知识。

练习1 制作"退货管理规定"演示文稿

"退货管理规定"演示文稿主要用于展示公司的退货范围、退货审批权限、退货操作流程、退货异常处理和换货等方面的情况。本练习要求在已提供素材的基础上，练习为幻灯片应用切换效果，并为其中的对象添加动画效果等操作，参考效果如图7-61所示。

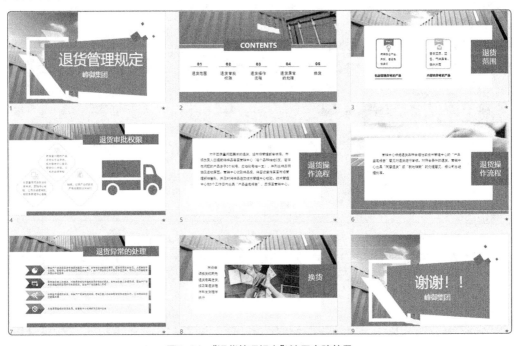

图7-61 "退货管理规定"演示文稿效果

 素材所在位置 素材文件\第7章\退货管理规定\
效果所在位置 效果文件\第7章\退货管理规定.pptx

操作要求如下。

（1）新建"退货管理规定.pptx"演示文稿，在第1张幻灯片中添加"背景.jpg"图片，调整其大小、位置，并裁剪图片，然后绘制矩形、编辑顶点，使其呈不规则显示，矩形颜色分别为"白色，背景1""#F84D2D""红色，个性色1"。

（2）新建第2张幻灯片，插入并编辑"背景.jpg"图片，绘制矩形并输入文本。使用相同的方法新建其他幻灯片并编辑其内容。

（3）完成幻灯片内容的编辑后，为所有幻灯片应用"华丽型 剥离"切换效果。

（4）在第1张幻灯片中为左侧对象添加"擦除"动画效果，设置"开始"为"上一动画之后"，为右侧的4个小矩形添加"浮入"动画效果，设置"开始"为"上一动画之后"。

（5）为第2、第3、第4、第7张幻灯片中的内容对象添加"飞入"动画效果。

练习2 | 制作"管理培训总结"演示文稿

管理培训与入职培训都是工作重点，"管理培训总结"演示文稿更注重结果的展示，因此要灵活应用数据、图片和形状等对象，参考效果如图7-62所示。

图7-62 "管理培训总结"演示文稿效果

 素材所在位置 素材文件\第7章\管理培训总结\
效果所在位置 效果文件\第7章\管理培训总结.pptx

操作要求如下。

（1）打开"管理培训总结.pptx"演示文稿，进入幻灯片母版视图状态，依次设置封面页、3项目录页、2项目录页、副标题页、内容页_1、内容页_2、空白页的母版幻灯片样式。

（2）在幻灯片中应用母版效果，添加形状、文本、图片等素材，美化演示文稿。

（3）为第1张和第9张幻灯片应用"分割"切换效果，为其他幻灯片应用"形状"切换效果。

第8章

常用办公工具软件的使用

/ 本章导读

在日常办公中，需要使用一些工具软件来辅助办公，如文件压缩软件、阅读软件、图片处理软件、思维导图制作软件、图文排版软件、系统安全维护软件等。本章将详细讲解这些常用办公工具软件的使用方法，帮助读者提高办公效率。

/ 技能目标

掌握文件的压缩、解压缩与阅读设置。

掌握图片的处理方法与思维导图的制作方法。

掌握文章的排版方法。

掌握系统安全的维护方法。

/ 案例展示

8.1 WinRAR

WinRAR是日常办公常用的压缩软件，它不仅能压缩大容量的文件，节约计算机的磁盘空间，提高文件传输速率，还能避免文件在网络上传输时被病毒感染，保护文件。

8.1.1 压缩文件

在WinRAR中，常用压缩文件的方法有3种，即快速压缩文件、分卷压缩文件和加密压缩文件。除此之外，用户还可将文件创建成自解压格式的压缩文件，不同的压缩方式将得到不同的压缩效果。

1. 快速压缩文件

快速压缩文件是常用的压缩方式，适用于小容量文件的压缩处理。快速压缩文件的具体操作如下。

微课视频

STEP 1 在计算机中安装 WinRAR，选择需要快速压缩的文件，单击鼠标右键，在弹出的快捷菜单中选择"添加到'文件名'"命令，这里选择"添加到'培训制度及方案.rar'"命令，如图 8-1 所示。

图8-1　压缩文件

STEP 2 WinRAR 开始压缩文件，并显示压缩进度。完成压缩后将在当前目录下创建该文件名的压缩文件，且压缩文件图标为 ，如图 8-2 所示。

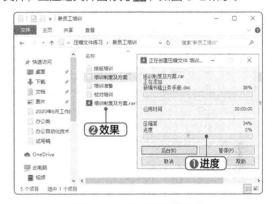

图8-2　压缩进度及完成效果

2. 分卷压缩文件

当需要压缩较大的文件时，为了节省压缩时间和减小压缩包大小，可通过分卷压缩文件功能将一个文件压缩成多个压缩文件。下面对超过1GB的文件进行分卷压缩，具体操作如下。

微课视频

STEP 1 选择一个大小超过 1GB 的文件，如图 8-3 所示。

STEP 2 在该文件上单击鼠标右键，在弹出的快捷菜单中选择"添加到压缩文件"命令，如图 8-4 所示。

STEP 3 打开"压缩文件名和参数"对话框，在"压缩文件名"文本框中输入压缩文件的名称，在"压缩文件格式"栏中设置压缩的格式，在"压缩方式"下拉列表中选择压缩方式，在"切分为分卷，大小"下

拉列表中设置分卷压缩的大小，这里分别设置为"排版培训""ZIP""标准""100MB"，然后单击 确定 按钮，如图 8-5 所示。

STEP 4 WinRAR 开始分卷压缩，压缩完成后可发现文件被分解为若干压缩文件，如图 8-6 所示。其中，后缀名为".z01"".z02"".z03"的文件大小都为 100MB，后缀名为".zip"的文件大小不足 100MB。

第 **8** 章　常用办公工具软件的使用

图8-3　选择需分卷压缩的文件

图8-5　设置分卷大小

图8-4　选择"添加到压缩文件"命令

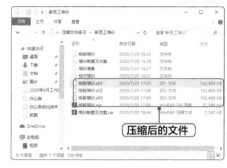

图8-6　分卷压缩的效果

知识补充

将文件添加到压缩文件包中

在WinRAR主界面中单击"添加"按钮 ，打开"压缩文件名和参数"对话框，在"常规"选项卡的"压缩文件名"文本框中输入压缩包文件，单击"文件"选项卡，在"要添加的文件"文本框右侧单击 追加(P)... 按钮，在打开的对话框中选择要添加到压缩包中的文件，单击 确定 按钮，即可将其添加到压缩包。

3.加密压缩文件

加密压缩文件需要通过"压缩文件名和参数"对话框进行设置，具体方法为：在需要加密压缩的文件上单击鼠标右键，在弹出的快捷菜单中选择"添加到压缩文件"命令，打开"压缩文件名和参数"对话框，单击 设置密码(P)... 按钮，打开"输入密码"对话框，在"输入密码"和"再次输入密码以确认"文本框中输入相同的密码，完成后依次单击 确定 按钮即可，如图8-7所示。

图8-7　加密压缩文件

4. 创建自解压格式压缩文件

为了方便没有安装WinRAR的计算机解压文件，可将文件创建为自解压格式的压缩文件，具体操作如下。

STEP 1 选择要创建自解压格式的文件，打开"压缩文件名和参数"对话框，在"压缩选项"栏中选中"创建自解压格式压缩文件"复选框，如图8-8所示。

图8-8 创建自解压压缩格式

STEP 2 单击"高级"选项卡，单击 自解压选项(X)... 按钮，如图8-9所示。

图8-9 单击"高级"选项卡

STEP 3 在打开的"高级自解压选项"对话框中设置自解压文件的解压路径，如图8-10所示。单击其他选项卡还可设置桌面快捷方式、解压后启动程序等参数。

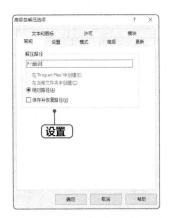

图8-10 设置解压路径

STEP 4 设置完成后依次单击 确定 按钮，WinRAR 开始创建自解压文件，创建完成后打开压缩文件所在窗口，可看见创建的自解压文件格式为".exe"，图标为 ，如图 8-11 所示。

图8-11 完成自解压压缩文件创建

STEP 5 创建自解压格式压缩文件后，双击该文件，在打开的对话框中单击 解压 按钮，即可完成文件解压。

8.1.2 解压文件

解压文件后可以直观地看到文件，使用WinRAR解压文件可以直接在需解压的文件上单击鼠标右键，在弹出的快捷菜单中选择相应的命令即可，如图8-12所示。

- 解压文件：选择该命令将打开"解压路径和选项"对话框，在该对话框中可对解压文件的目标路径、更新方式、覆盖方式等进行详细设置，如图8-13所示。

- **解压到当前文件夹：** 选择该命令，可将压缩文件直接解压到当前文件夹所在的路径。
- **解压到"文件夹名称"：** 选择该命令，可将压缩文件解压到与当前压缩文件名称一致的文件夹路径中。

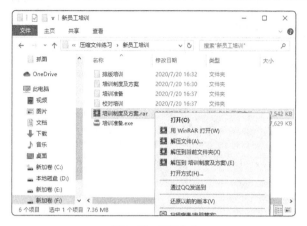 

图8-12 解压命令　　　　　　图8-13 设置解压路径和选项

不管选择哪种方式进行文件的解压操作，在文件的解压过程中若发生错误，都可在WinRAR主界面中选择压缩文件，然后单击工具栏中的"修复"按钮进行修复。

8.1.3 转换压缩文件的格式

用户在办公的过程中经常会从网上下载各种压缩文件，这些压缩文件的格式多样，如7Z、ARJ、CAB、LZ、RAR、XZ等，若系统不支持对这些格式的压缩文件进行操作，可使用WinRAR将这些格式的压缩文件转换为常见的RAR或ZIP格式的压缩文件。下面将后缀为".7z"".tar"的压缩文件转换为RAR和ZIP格式的压缩文件，具体操作如下。

STEP 1 在后缀名为".7z"的需要转换格式的压缩文件上单击鼠标右键，在弹出的快捷菜单中选择"用WinRAR 打开"命令，如图 8-14 所示。

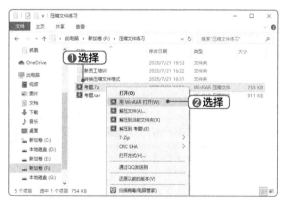

图8-14 用WinRAR打开压缩文件

STEP 2 WinRAR 将打开该压缩文件。选择【工具】/【转换压缩文件格式】命令，如图 8-15 所示。

图8-15 选择"转换压缩文件格式"命令

STEP 3 打开"转换压缩文件"对话框，在"要转换的压缩文件"列表中将默认显示已选择的压缩文件，然后单击 浏览(B)... 按钮，在打开的"浏览文件夹"对话框中设置转换格式后文件保存的路径，设置完成后该路径将显示在"已转换的压缩文件的文件夹"文本框中，单击 确定 按钮进行转换，如图 8-16 所示。

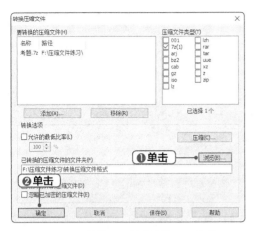

图8-16　转换7Z压缩文件为RAR文件

STEP 4　WinRAR 开始转换压缩文件，并显示转换进度。转换完成后单击 [关闭] 按钮，如图 8-17 所示。

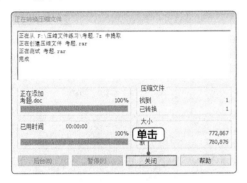

图8-17　完成转换

STEP 5　返回 WinRAR 主界面，再次选择【工具】/【转换压缩文件格式】命令，打开"转换压缩文件"对话框，选择"要转换的压缩文件"列表中保留的记录，单击 [移除(R)] 按钮删除已有的转换记录，如图 8-18 所示。

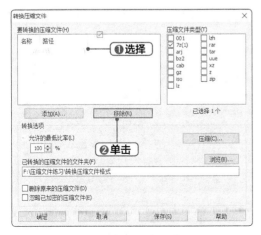

图8-18　删除已有的转换记录

STEP 6　单击"要转换的压缩文件"列表下方的 [添加(A)...] 按钮，打开"请选择要添加的文件"对话框，在其中选择需要转换的后缀名为".tar"的压缩文件，然后单击 [确定] 按钮，如图 8-19 所示。

图8-19　添加文件

STEP 7　返回"转换压缩文件"对话框，在"压缩文件类型"列表中选中"tar（1）"复选框，"要转换的压缩文件"列表中将自动匹配与该格式相同的压缩文件，然后单击 [压缩(C)...] 按钮，如图 8-20 所示。

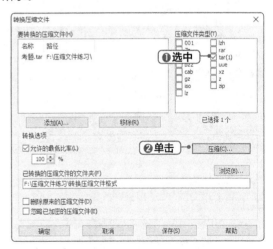

图8-20　匹配格式

STEP 8　打开"设置默认压缩选项"对话框，在"压缩文件格式"栏中选中"ZIP"单选项，然后单击 [确定] 按钮，如图 8-21 所示。

STEP 9　返回"转换压缩文件"对话框，设置转换后的压缩文件的存储路径，单击 [确定] 按钮进行转换。WinRAR 开始转换压缩文件，并显示转换进度。转换完成后单击 [关闭] 按钮，如图 8-22

所示。

图8-21 设置转换格式

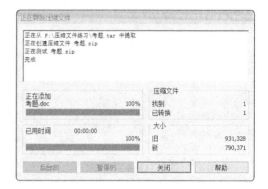

图8-22 完成转换

STEP 10 打开转换后的压缩文件的存储路径，可看到转换后的压缩文件格式已变为".rar"和".zip"，如图8-23所示。

图8-23 查看转换效果

8.2 Adobe Acrobat

在日常办公中，PDF格式的文档也比较常见，PDF格式的文档占用的内存空间少，便于进行网络传输。同时，PDF格式的文件能保留文档原来的面貌，包括内容、字体和图像等，且不受操作系统限制。因此，PDF文档广泛用于电子图书、产品说明、公司广告、网络资料以及电子邮件的传输等。Adobe Acrobat是一款专门用于查看、阅读、打印PDF文档的工具，下面将使用目前新版本的Adobe Acrobat XI Pro来进行PDF文档的操作。

8.2.1 创建 PDF 文档

用户可以使用Adobe Acrobat XI Pro将其他支持PDF格式的文件、网页、剪切板中的对象等创建为PDF格式的文档。其方法为：启动Adobe Acrobat XI Pro，选择【文件】/【创建】命令或单击"创建"按钮 ，在弹出的下拉菜单中选择创建为PDF文档的对象，如选择"从文件创建PDF"命令，如图8-24所示。打开"打开"对话框，在其中选择需要创建为PDF格式的文档，单击 打开(O) 按钮即可，如图8-25所示。

图8-24 选择创建方式

图8-25　选择需创建的对象

图8-26　另存文件为PDF格式

知识补充

除了使用Adobe Acrobat创建PDF文档外，使用Word、Excel、PowerPoint等制作的文档，可以通过另存为功能将文件保存为PDF格式，如图8-26所示。

8.2.2 阅读 PDF 文档

用户可以使用Adobe Acrobat XI Pro阅读自己创建或接收的PDF文档。下面使用Adobe Acrobat XI Pro来阅读8.2.1小节中创建的"市场分析.pdf"文档，具体操作如下。

素材所在位置　素材文件\第8章\市场分析.pdf

微课视频

STEP 1　启动 Adobe Acrobat XI Pro，选择【文件】/【打开】命令，打开"打开"对话框，选择"市场分析 .pdf"文档，单击 打开(O) 按钮，如图 8-27 所示。

STEP 2　该文档被打开，单击窗口左侧的"页面"按钮，在打开的"页面缩略图"窗格中单击需要阅读的文档缩略图，即可快速打开指定页面并在浏览区中进行阅读，如图 8-28 所示。

图8-27　打开PDF文档

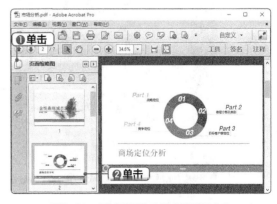

图8-28　通过页面缩略图查看页面内容

STEP 3 在"页面缩略图"窗格右上角单击"关闭"按钮◀，关闭窗格。

STEP 4 单击工具栏中的"显示下一页"按钮⬇向下翻页查看文档内容，单击"显示上一页"按钮⬆向上翻页查看上一个页面。在其后的数值框中输入页码，如"5"，然后按【Enter】键，可快速跳转到指定的页面，如图 8-29 所示。

STEP 5 单击工具栏中的"放大"按钮➕或"缩小"按钮➖可放大或缩小显示页面，在其后的数值中可输入具体的缩放比例，如"50%"，如图 8-30 所示。

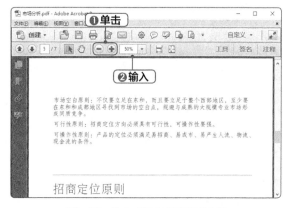

图8-30　放大或缩小查看PDF文档

图8-29　翻页查看PDF文档

8.2.3 编辑 PDF 文档

使用Adobe Acrobat XI Pro不仅可以阅读PDF文档，还可编辑其中的文本、图像。此外，用户若不能直接修改PDF文档内容，但又对文档内容有异议或需要添加修改意见和回复时，可以通过批注的形式来进行操作。

1. 编辑文本和图像

在Adobe Acrobat XI Pro中编辑文本和图像的方法很简单，只需选择【编辑】/【编辑文本和图像】命令，或单击工具栏中的"编辑文本和图像"按钮🖺，进入文本和图像的编辑状态。此时，PDF文档中文本或图像外出现线框，选择需要编辑的文本或图像，如图8-31所示，单击鼠标右键，在弹出的快捷菜单中可执行相应的编辑操作。另外，用户在右侧的"内容编辑"窗格中可以进行更详细的设置，包括文本的字体、颜色、字号、对齐方式，图像的翻转、旋转、裁剪或替换等。

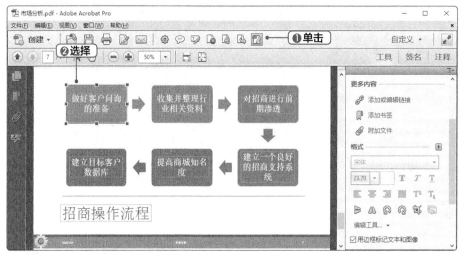

图8-31　编辑文本和图像

此外，若需要在Adobe Acrobat XI Pro中添加段落文本或图像，除了通过复制文本框架或图片进行修改，还可直接添加文本框架和图像。具体操作方法：在"内容编辑"窗格中单击 ⊞ 添加文本 或 ▦ 添加图像 按钮，在出现的文本框架中直接输入需要添加的文本或在打开的对话框中双击需要插入的图像。

2. 为PDF文档添加批注

微课视频

为PDF文档添加批注是日常办公的常用操作，用户可以通过Adobe Acrobat XI Pro直接在文档中添加批注，且不影响原文档的内容。PDF文档中的常见批注主要有附注、高亮文本和删除线，添加批注的具体操作如下。

STEP 1 打开"市场分析.pdf"文档，在"页码"数值框中输入"4"，按【Enter】键跳转到第 4 页。选择"招商目标"文本，单击鼠标右键，在弹出的快捷菜单中选择"添加附注到文本"命令，如图 8-32 所示。

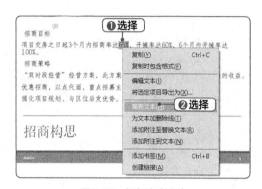

图8-34 添加高亮文本

STEP 4 被选择的文本将被添加高亮效果，然后选择需添加删除线的文本，如第 5 行末尾的"商铺业主的"文本，单击鼠标右键，在弹出的快捷菜单中选择"为文本加删除线"命令，如图 8-35 所示。

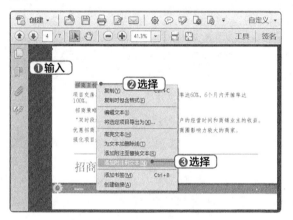

图8-32 选择"添加附注到文本"命令

STEP 2 在打开的附注列表中输入需要添加的附注内容，如图 8-33 所示。

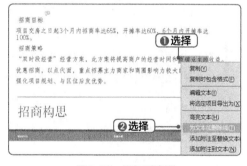

图8-35 添加删除线

STEP 5 最终效果如图 8-36 所示。

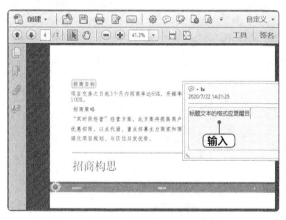

图8-33 输入附注内容

STEP 3 选择需要添加高亮文本的内容，如第 2 行中的"65%"，单击鼠标右键，在弹出的快捷菜单中选择"高亮文本"命令，如图 8-34 所示。

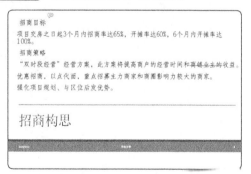

图8-36 查看效果

知识补充

添加其他类型的批注

除了附注、高亮文本和删除线，Adobe Acrobat XI Pro还提供了添加文本注释、附加文件、录音、添加图章、在指针位置插入文本、添加附注至替换文本、下画线、文本更正标记等批注类型。添加其他类型批注的操作方法：单击工具栏右侧的"注释"选项，打开"注释"窗格，展开"批注"栏，其中包含Adobe Acrobat XI Pro提供的所有批注类型，选择文本后单击对应的批注类型按钮即可添加，如图8-37所示。添加完批注后，通过"注释列表"栏可以查看所有添加的内容。

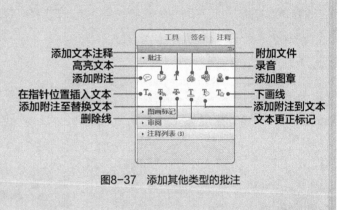

图8-37　添加其他类型的批注

8.2.4　打印与导出 PDF 文档

编辑完PDF文档后，用户可在工具栏中单击"打印文件"按钮🖶将其打印到纸张上，也可选择将PDF文件导出为其他格式的文件，以方便在没有安装Adobe Acrobat XI Pro的计算机中查看、编辑文档，实现高效办公。导出PDF文档的方法：选择【文件】/【另存为其他】命令，在弹出的子菜单中选择需要导出的文件类型，如导出为Word文档、Excel表格、PowerPoint演示文稿、图像、HTML网页、其他类型的PDF文档等，如图8-38所示。

图8-38　导出PDF文档

8.3 美图秀秀

图片是制作办公文档的重要元素，用户在办公的过程中除了浏览图片，还需要对图片进行简单的处理，如为图片去背景、添加边框、美化图片和制作闪图等。美图秀秀是一款操作简单、方便的图片处理工具，用户可以通过它对图片进行简单处理，以得到理想的效果。

8.3.1 去除图片背景

用户在日常办公时，有时需要去除图片背景，以制作更加丰富的组合图片效果，或将透明背景的图片作为背景使用。在美图秀秀中去除图片背景的方法很简单，具体操作如下。

素材所在位置 素材文件\第8章\商务.jpg
效果所在位置 效果文件\第8章\商务.png

微课视频

STEP 1 安装并启动美图秀秀，在其工作界面中单击"抠图"选项卡，然后单击 打开图片 按钮，选择需要打开的图片，这里选择"商务.jpg"，返回美图秀秀工作界面即可选择不同的方式去除背景。这里选择"自动抠图"选项，如图8-39所示。

图8-39 选择"自动抠图"选项

STEP 2 默认打开"抠图笔"选项卡，拖曳鼠标指针在需要抠取的图片上画线，线条呈绿色且自动抠取出需要保留的区域，如图8-40所示。使用相同的方法继续抠取其他需保留的区域，此时可发现有多余区域被美图秀秀自动抠取了，如图8-41所示。

STEP 3 单击"删除笔"选项卡，拖曳鼠标指针在需要删除的区域画线，线条呈红色。美图秀秀会自动根据画线部分删除多余区域，完成后单击图片下方的 保存图片 按钮，如图8-42所示。

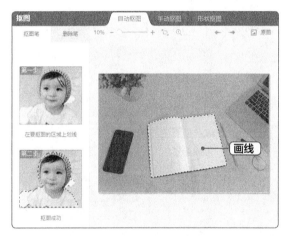

图8-40 抠取需要保留的区域

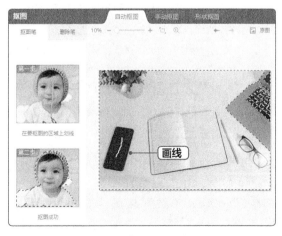

图8-41 继续抠取需要保留的区域

第 **8** 章 常用办公工具软件的使用

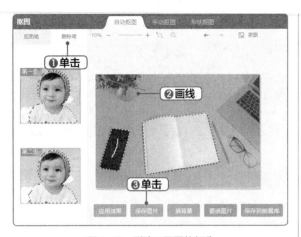

图8-42　删除不需要的部分

置保存名称与格式分别为"商务""."png"，在右侧的列表中可预览保存后的效果，最后单击 保存 按钮完成操作，如图 8-43 所示。

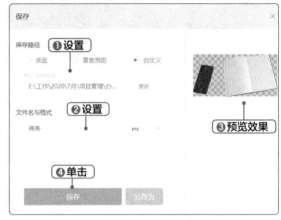

图8-43　保存并预览效果

 STEP 4 打开"保存"对话框，在"保存路径"栏中设置图片的保存路径，在"文件名与格式"栏中设

知识补充

其他抠图方式

　　除了自动抠图，用户还可通过手动抠图和形状抠图去除图像背景。手动抠图需要沿着图片中需保留区域的轮廓进行绘制，以得到更加精细的效果。形状抠图可将需要的图像保留成圆形、矩形、圆角矩形、三角形、心形、五角星等形状，如图8-44所示。

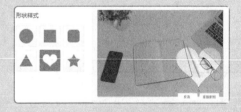

图8-44　形状抠图

8.3.2 添加图片边框

　　在办公过程中有时需要为图片添加边框，以美化图片外观。制作边框较为复杂，可直接通过美图秀秀提供的边框模板快速添加边框效果。美图秀秀提供了海报边框、简单边框、炫彩边框、文字边框、撕边边框和纹理边框6种类型，下面以添加简单边框和文字边框为例进行介绍，具体操作如下。

素材所在位置	素材文件\第8章\笔记本电脑.jpg
效果所在位置	效果文件\第8章\笔记本电脑.jpg

微课视频

 STEP 1 在美图秀秀中打开图片"笔记本电脑.jpg"，然后单击"边框"选项卡，在"边框"界面的左侧选择"简单边框"选项，如图 8-45 所示。

STEP 2 打开"简单"界面，在右侧的"简单边框"窗格中选择图 8-46 所示的样式，然后单击 应用当前效果 按钮应用边框效果。

STEP 3 返回"边框"界面，选择左侧的"文字边框"选项，在打开的界面中选择图 8-47 所示的边框样式，然后在左侧输入文本并设置日期和字体、颜色，完成后单击 应用当前效果 按钮。

STEP 4 返回美图秀秀主界面，单击界面右上角的 保存 按钮保存。

图8-45　打开素材并选择边框类型

图8-46　选择边框样式并应用效果

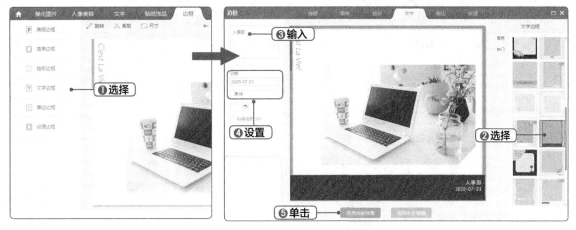

图8-47　应用并编辑文字边框

8.3.3 美化图片

在办公过程中使用图片时，若图片曝光度、色彩不合适，或存在污点、多余内容等瑕疵，或需要添加文本时，可使用美图秀秀对图片进行美化，使图片效果更加美观，符合办公的需要。下面对图片"椅子.jpg"进行处理，为其调整亮度、添加滤镜特效和文本，具体操作如下。

素材所在位置　素材文件\第8章\椅子.jpg
效果所在位置　效果文件\第8章\椅子.jpg

微课视频

STEP 1　使用美图秀秀打开"椅子.jpg"图片，单击"美化图片"选项卡，在左侧"图片增强"栏中选择"增强"选项，如图 8-48 所示。

STEP 2　打开"增强"对话框，拖曳"基础编辑"栏中亮度、对比度、饱和度、清晰度对应的滑块，调整图片的显示效果，拖曳"高级"栏中高光、暗影滑块调整高光和阴影的效果，完成后单击 应用当前效果 按钮，如图 8-49 所示。

技巧秒杀

一键美化图像

如果用户对图片亮度、对比度、饱和度、高光、阴影、色彩等不太了解，通过"增强"功能不能得到理想的效果，还可直接在"美化图片"界面左侧的窗格中单击 一键美化 按钮，美图秀秀将自动对图片进行快速美化，无须用户手动设置。

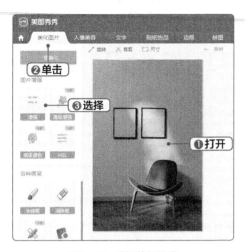

图8-48　选择美化模式

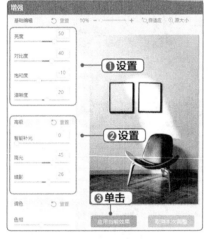

图8-49　设置并应用增强效果

STEP 3 在右侧"特效滤镜"窗格中选择"基础"选项，在打开的列表中选择"自然"选项，然后拖曳其下方的透明度滑块至100%，如图8-50所示。

图8-50　应用滤镜特效

知识补充

修复图像瑕疵

　　除了通过"图片增强"栏调整图像的亮度、清晰度、高光、阴影和色调，用户还可通过"美化图片"界面中的各种画笔对图像瑕疵进行修复，如去除污迹、抹除水印等操作。美图秀秀提供了涂鸦笔、消除笔、标注笔、取样笔、局部马赛克、局部彩色笔、局部变色笔、背景虚化和魔幻笔9种画笔工具，选择画笔工具后，即可在打开的界面中对图像进行对应的操作。

STEP 4 单击"文字"选项卡，打开"文字"界面，在界面左侧选择"输入文字"选项，打开"文字编辑"对话框，输入"时尚简约"，并在"基础设置"栏中设置颜色为黑色、透明度为"57%"、字体为"汉仪中黑简体"、字号为"200"、排列为竖排，完成后单击 确定 按钮，完成输入操作。最后再使用鼠标将文本移动到图片右上角，如图8-51所示。

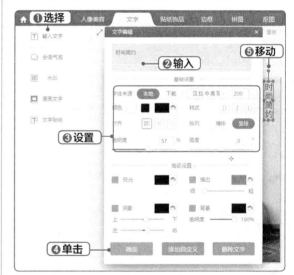

图8-51　输入文字

STEP 5 在文字上单击鼠标右键，在弹出的快捷菜单中选择"复制当前素材"命令，复制文字样式，将文字修改为"理想家居选择"并适当调小字号，完成后保存图片，效果如图8-52所示。

第3部分

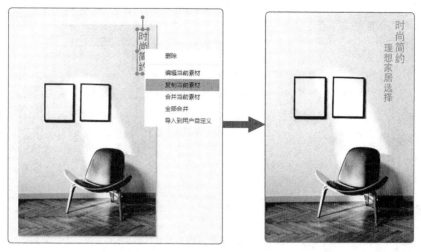

图8-52　复制并修改文字

8.3.4 制作闪图

美图秀秀还提供了制作闪图的功能，闪图是目前移动互联网环境下常见的图片类型，用户掌握了闪图的制作方法后便能快速制作出符合使用需求的闪图。用美图秀秀制作闪图的方法很简单，具体为：启动美图秀秀，在其主界面中选择"动态图片"选项，打开"闪图"界面，在"自定义闪图"选项卡中添加需要制作的图片，拖曳图片以调整图片顺序，并在"调节速度"栏中进行速度调整，如图8-53所示。

此外，美图秀秀还提供了多种动态闪图模板，在"闪图"界面中单击"动感闪图"选项卡，在打开的界面中可选择各种模板，快速获得模板中已经设置好的闪图效果。

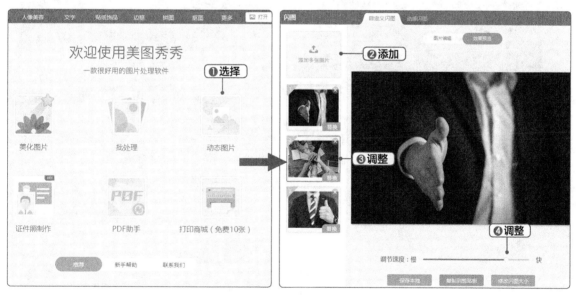

图8-53　制作闪图

8.4 百度脑图

脑图又叫思维导图，是将思维形象化的一种图示方法。在日常办公中，脑图常用于主题关系的层级表示，通过主题关键词、图像、颜色等进行主题关系的区别与连接，协助用户更好地办公。思维导图在日常办公中的运用很广泛，如工作规划制订、问题分析解决、项目管理、头脑风暴、会议纪要、知识管理等。百度脑图是一个在线思维导图编辑工具，它无须安装，用户使用百度账号登录即可使用，下面对百度脑图的具体使用方法进行介绍。

8.4.1 创建思维导图

使用百度脑图创建思维导图的方法很简单，在创建前期用户要明确思维导图的中心主题，根据中心主题拆解内容，进行每一层级内容的划分，然后以此类推。同时还要注意，思维导图的内容不能太多，超过一页或层级过深，会影响思维导图的直观性。下面创建"周工作计划"思维导图，具体操作如下。

STEP 1 登录百度脑图官网，在官网中单击 马上开启 按钮，如图 8-54 所示。

图8-54 启动百度脑图

STEP 2 打开"百度账号登录"页面，输入账号名称和密码，单击 登录并授权 按钮登录，如图 8-55 所示。

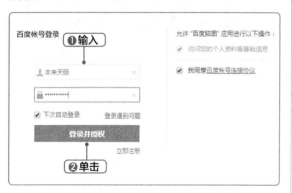

图8-55 登录百度账号

STEP 3 进入百度脑图制作页面，单击 新建脑图 按钮开始新建脑图，如图 8-56 所示。

图8-56 新建脑图

STEP 4 单击"思路"选项卡，将页面中间的"新建脑图"思维主题修改为"周工作计划"，单击工具栏中的 插入下级主题 按钮，插入分支主题，然后修改主题为"周一"，如图 8-57 所示。

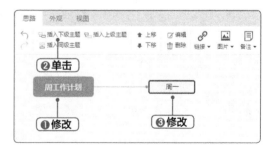

图8-57 修改主题并插入分支主题

STEP 5 在分支主题上单击鼠标右键，在弹出的界面中选择"同级"选项，添加与该分支主题同级别的分支，如图 8-58 所示。

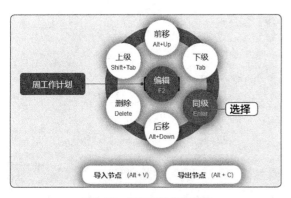

图8-58 添加同级分支主题

STEP 6 修改分支主题为"周二",使用相同的方法添加其他同级分支,并分别修改为"周三""周四""周五",效果如图 8-59 所示。

STEP 7 使用添加分支主题和同级分支主题的方法添加思维导图的其余分支,效果如图 8-60 所示。

STEP 8 内容输入完成后,选择"参加会议"分支,

单击工具栏中的"优先级 1"按钮 **1**,为其添加优先级。使用相同的方法为有多个事项的分支设置优先级,如图 8-61 所示。

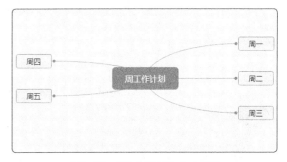

图8-59 添加其他同级分支主题

STEP 9 选择"周二"分支主题下的"接待来宾",单击工具栏中的"备注"按钮 ,在右侧打开的"备注"窗格中输入备注内容,完成后备注将显示在主题下方,如图 8-62 所示。

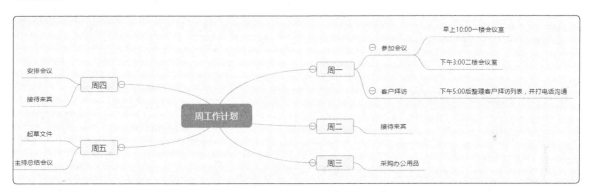

图8-60 添加其他内容

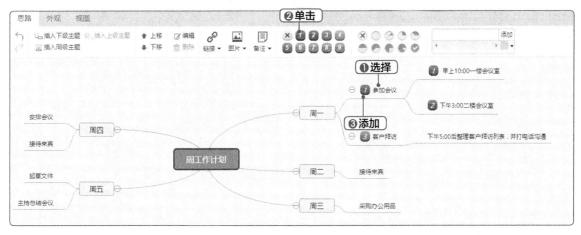

图8-61 设置优先级

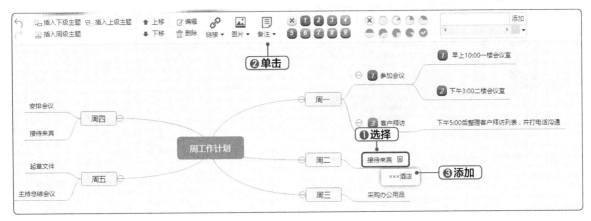

图8-62　添加备注

知识补充

设置进度

　　在百度脑图中创建思维导图时，还可以添加进度选项，操作方法如下：选择需要添加进度的分支，单击工具栏中的进度按钮。其中，Ⓧ按钮表示移除进度；◐按钮表示进度未开始；◐按钮表示完成1/8；◑按钮表示完成2/8；◑按钮表示完成3/8；◑按钮表示完成4/8；◑按钮表示完成5/8；◑按钮表示完成6/8；◑按钮表示完成7/8；✓按钮表示全部完成。

8.4.2　美化思维导图样式

微课视频

　　完成思维导图的创建后，还可对思维导图的外观样式进行美化，下面继续在8.4.1小节的基础上进行"周工作计划"思维导图的美化，具体操作如下。

STEP 1　单击"外观"选项卡，在"外观"界面下方工具栏的第一个下拉列表中选择"逻辑结构图"选项，为思维导图更换类型，如图 8-63 所示。

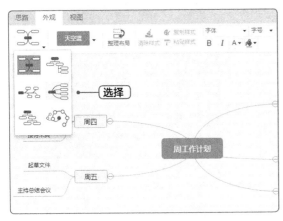

图8-63　为思维导图更换类型

STEP 2　在工具栏的第二个下拉列表中选择"温柔冷光"选项，为思维导图更换外观，如图 8-64 所示。

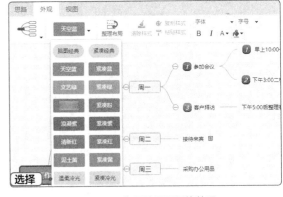

图8-64　为思维导图更换外观

STEP 3　选择"参加会议"分支主题，单击工具栏中的"加粗"按钮 B，对重要内容进行加粗。使用同样的方法为第一个"接待来宾"分支主题进行加粗操作。

STEP 4　保持"接待来宾"分支主题的选择状态，设置其字体为"黑体"，字号为"24"，单击"字体颜色"按钮 A，在弹出的下拉列表中设置字体颜色为

"白色"，单击"填充颜色"按钮 🖍▾，在弹出的下拉列表中设置填充颜色为"黑色"，效果如图8-65所示。

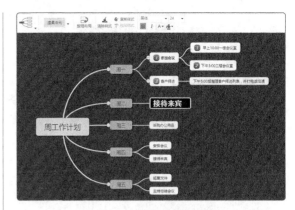

图8-65　设置文字和填充效果

8.4.3　导出思维导图

微课视频

百度脑图会自动保存用户所做的操作，因此不需要用户进行保存操作。此外，用户还可以将思维导图导出，以方便查看或编辑。下面在8.4.2小节的基础上将思维导图导出为PNG格式，具体操作如下。

STEP 1　单击页面左上角的 百度脑图 ▾ 按钮，打开"另存为"界面，选择"导出"选项，如图 8-66 所示。

图8-66　选择"导出"选项

图8-67　选择导出格式

STEP 2　打开"导出脑图"对话框，选择需要导出的类型，这里选择"PNG 图片（.png）"选项，如图 8-67 所示。

STEP 3　打开"新建下载任务"对话框，设置文件名和保存路径，单击 下载 按钮完成导出，如图 8-68 所示。

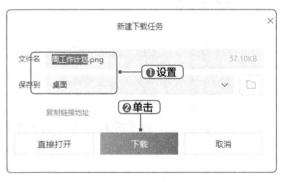

图8-68　完成导出

第 8 章　常用办公工具软件的使用

8.5 135 编辑器

　　135编辑器是用于编辑、排版简单长图文的在线工具，其样式丰富，可进行秒刷、一键排版、样式和颜色收藏、图片素材编辑和水印添加等操作，适宜用户日常办公。下面对135编辑器的使用方法进行介绍，包括了解135编辑器的界面、选择模块进行排版、一键排版等。

8.5.1 了解 135 编辑器的界面

　　登录135编辑器官网即可进入135编辑器的界面，如图8-69所示。135编辑器的界面主要由模式选择区、样式展示区、内容编辑区、保存区和配色区组成，下面进行简单介绍。

- **模式选择区：**该区域展示了135编辑器提供的各种编辑模式，如样式、一键排版、模板、图片素材等，用户可根据需要选择对应的模式。
- **样式展示区：**在模式选择区中选择了某种模式后，样式展示区将展示与该模式对应的内容，以供用户进行排版操作。模式不同，样式展示区中用户能操作的内容也不同，若选择"一键排版"模式，则样式展示区将提供"系统一键排版"和"个人一键排版"两种操作选择。
- **内容编辑区：**该区域用于编辑所选择的模块样式，或自行输入文本并通过上方的工具栏进行编辑。
- **保存区：**该区域提供了多种保存文章的方式，包括微信复制、外网复制、快速保存、保存同步等。此外，还提供导入文章、清空/新建、手机预览、云端草稿、生成长图等其他功能。
- **配色区：**该区域用于进行文章的配色，其中提供了多种配色方案供用户选择。

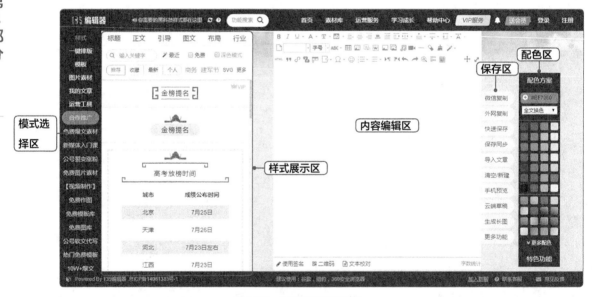

图8-69　135编辑器的界面

8.5.2 选择模块进行排版

　　135编辑器的"样式"中提供了标题、正文、引导、图文、布局、行业等不同模块，用户可直接使用这些模块进行文章的排版，提高办公效率，同时让文章的效果更加美观、专业。选择模块进行排版的方法很简单，在模式选择区中选择"样式"选项，在样式展示区中可以选择标题、正文、引导、图文、布局、行业等不同模块类型，将鼠标指针移到模块类型上，在打开的下拉列表中可进行详细的分类选择；也可直接在搜索

第 3 部 分

文本框中输入文本后搜索需要的模块效果。图8-70所示为编号标题、边框内容、上下图文和表格样式的模块效果。

图8-70　不同模块的显示效果

在样式展示区中选择需要的模块，该模块将自动被添加到内容编辑区，在其中可以对模块内容进行编辑，如修改内容、设置文本样式、替换和编辑图片等。图8-71所示为替换模块中的图片的方法，具体操作为：选择图片，在弹出的"图片"工具栏中选择"换图"选项，打开"多图上传"对话框，上传并选择需替换的图片，单击 确定 按钮。

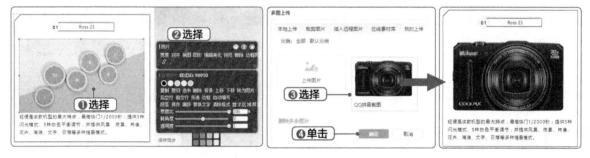

图8-71　替换模块中的图片

技巧秒杀

快速应用模块的样式

在内容编辑区选择需要应用样式的内容，再单击样式展示区中的样式，即可快速为所选择内容应用该样式。

8.5.3　一键排版

用户除了可以自行选择模块进行内容的排版外，还可以使用135编辑器提供的一键排版功能。在模式选择区中选择"一键排版"选项，将鼠标指针移至目标样式上，单击 使用 按钮，打开模板参数设置界面，在其中设置模板参数或保持默认设置不变，单击 一键排版 按钮即可应用排版模板，如图8-72所示。用户可根据需要修改模板中的内容文本和图片文本完成文章的制作。

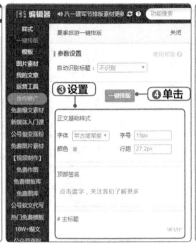

图8-72　一键排版

8.6　360 安全卫士

360安全卫士是一款功能十分强大的系统安全管理软件，它拥有修复系统漏洞、清理系统垃圾与痕迹、查杀木马等多种实用功能，能够保障计算机系统正常运行，是办公必不可少的工具软件。下面对360安全卫士的使用方法进行介绍。

8.6.1　计算机体检

360安全卫士具有"计算机体检"功能，使用它可以全面检查计算机的安全、垃圾和故障等情况，它能根据检查结果给出评分和评语，指导用户根据这些问题修复计算机。使用360安全卫士进行计算机体检的具体方法为：安装并启动360安全卫士，在其主界面单击 立即体检 按钮，如图8-73所示；360安全卫士开始检查计算机，并根据检查结果同步显示评分等情况，检查完成后，360安全卫士会显示最终评分和评语，同时在下方列表中也将显示检查结果，单击 一键修复 按钮可修复有问题的对象，如图8-74所示。

图8-73　立即体检

图8-74　检查并修复问题

8.6.2 查杀木马

木马是一种危害计算机安全的人为编写的程序。使用360安全卫士可以对计算机中的木马进行查杀，从而保护计算机安全。

1. 什么是木马

木马也称木马病毒，它可以通过特定的程序控制目标计算机。一个完整的木马程序包含两个部分，即服务端（服务器部分）和客户端（控制器部分），置入目标计算机的是服务端，而黑客利用客户端进入运行服务端的计算机。运行了木马程序的服务端，会产生一个迷惑用户的进程，暗中打开端口，向指定地点发送数据（如网络游戏的密码、实时通信软件密码和用户上网密码等），从而使黑客获得用户的隐私数据。

黑客通常利用操作系统的漏洞，绕过对方的防御措施（如防火墙）将病毒置入计算机。被置入了木马程序的计算机，因为资源被占用，会减慢速度，莫名死机，且用户信息可能会被窃取，导致数据外泄等情况发生。

知识补充

黑客的含义

在信息安全领域，黑客指研究计算机安全系统的人员。其中利用公共通信网络，如互联网和电话系统，在未经许可的情况下载入对方系统的称为"黑帽黑客"，调试和分析计算机安全系统的称为"白帽黑客"。在业余计算机领域，黑客指热衷于研究系统和计算机（特别是网络）内部运作的人。通常情况下所说的黑客，是指利用木马程序攻击计算机系统、窃取用户数据的人。

2. 使用360安全卫士查杀木马

360安全卫士提供了3种木马查杀方式，包括快速查杀、全盘查杀、按位置查杀，用户可根据需要选择不同的方式。下面对使用360安全卫士查杀木马的方法进行介绍，具体操作如下。

微课视频

STEP 1 在360安全卫士中单击"木马查杀"选项卡，打开"木马查杀"界面，单击 快速查杀 按钮，如图8-75所示。

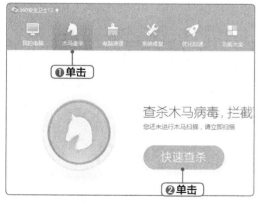

图8-75 快速查杀木马

图8-76 扫描木马

知识补充

3种查杀方式的区别

快速查杀一般只查杀系统的关键位置，因此查杀速度快，能有效地找到并查杀常见的木马程序。全盘查杀对计算机的所有位置进行扫描，查杀速度慢，但能找到并查杀计算机存在的所有木马程序。按位置查杀根据用户的需要对计算机上的指定位置进行扫描，查杀速度与该位置的大小有关。

STEP 2 360安全卫士对计算机的关键位置进行扫描，如计算机的启动项、易感染区和内存等，并展示扫描结果，如图8-76所示。

STEP 3 单击扫描结果右侧的 一键处理 按钮，如图 8-77 所示，开始进行扫描结果的处理。

图8-77 处理扫描结果

STEP 4 处理完成后将提示处理成功，并打开提示对话框提示进行计算机的重启操作，以使操作生效，这里单击 稍后我自行重启 按钮，如图 8-78 所示。

图8-78 单击"稍后我自行重启"按钮

STEP 5 返回"木马查杀"界面，单击界面右侧"更多查杀"栏中的"按位置查杀"按钮 ，打开"360 木马查杀"对话框，在"扫描区域设置"列表中选中

需要扫描位置前的复选框，单击 开始扫描 按钮进行扫描，如图 8-79 所示。

图8-79 按位置查杀木马

STEP 6 扫描完成后若有危险项目，可单击 一键处理 按钮进行处理，若没有，则单击 完成 按钮返回主界面，如图 8-80 所示。

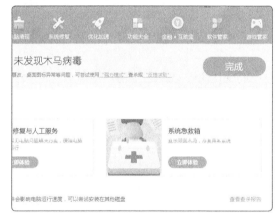

图8-80 完成查杀

8.6.3 清理垃圾

虽然使用360安全卫士进行计算机体检时会清理部分留在计算机系统中的垃圾文件，但仍可以使用专门的垃圾清理功能进行残留文件的清理，减轻系统的负担。具体操作方法为：在360安全卫士中单击"电脑清理"选项卡，打开"电脑清理"界面，单击 全面清理 按钮，360安全卫士自动开始扫描系统垃圾，并将扫描结果展示在界面中，选中需要清理的垃圾的复选框，单击 一键清理 按钮进行清理，如图8-81所示。

知识补充

风险提示

若选中了回收站、驱动备份文件、Windows预读文件、Windows Search日志、QQ消息文件等会导致无法还原或影响系统性能的文件，360安全卫士会打开"风险提示"对话框，对话框对可能引起的风险进行了说明，若确定需要清理，可单击 清理所有 按钮进行清理，若确实存在风险，可单击 仅清理无风险项目 按钮仅清理无风险的文件。

图8-81　清理垃圾

技巧秒杀

设置自动清理

　　为了及时减轻计算机系统的负担，用户也可以设置自动清理，让计算机定时自动清理垃圾。设置自动清理的操作方法：单击"操作中心"栏中的"自动清理"按钮，打开"自动清理设置"对话框，单击 已关闭 按钮启动自动清理功能，该按钮将变为 已开启 状态，在"自动清理时间设置"栏中可设置"空闲清理"和"定时清理"两种模式，在"清理内容"栏中可设置需清理的内容，完成后单击 确定 按钮。

8.6.4　优化加速

　　计算机开机启动项过多，可能导致计算机开机和运行缓慢，使用360安全卫士的计算机优化加速功能可解决此问题。具体操作方法为：单击"优化加速"选项卡，在打开的界面中单击 全面加速 按钮，360安全卫士开始扫描可以加速的选项，扫描完成后选中需优化选项的复选框，单击 立即优化 按钮，如图8-82所示。

图8-82　优化加速

8.7 课堂案例：制作"粽情端午"微信公众号推文

公众号推文是微信公众号的一种营销方式，是当下流行的营销、推广方式之一，对企业忠实用户的维护和信息推广具有重要的促进作用。公众号推文就是一篇文章，其视觉效果的美观度与内容的实用程度影响着推文的阅读量、转发量与转换率，因此，用户在日常办公中不仅要学会写推文，熟悉推文的排版、美化也是必不可少的。

8.7.1 案例目标

本案例通过制作"粽情端午"微信公众号推文，帮助读者掌握快速编辑公众号推文的方法，进而提高公众号推文的制作效率，提高工作的速度与质量。"粽情端午"微信公众号推文在制作过程中，需要综合运用135编辑器，以使公众号推文的效果更加美观。"粽情端午"微信公众号推文制作完成后的参考效果如图8-83所示。

图8-83　参考效果

第3部分

素材所在位置	素材文件\第2章\端午节活动\
效果所在位置	效果文件\第2章\粽情端午.png、粽情端午.rar

8.7.2 制作思路

"粽情端午"微信公众号推文的内容较多，既要通过文本体现端午节的历史文化气息，又要合理排版页面内容使推文排版美观。要完成本案例的制作，需要先使用135编辑器的一键排版功能，选择一个排版模板，然后替换模板中的部分样式，并对各元素进行编辑、替换，最后将推文生成长图，对长图进行加密压缩，以便在日常办公中使用。具体制作思路如图8-84所示。

图8-84　制作思路

8.7.3 操作步骤

1. 使用135编辑器的模板制作推文

下面使用135编辑器的一键排版功能，快速制作"粽情端午"微信公众号推文，具体操作如下。

STEP 1　登录 135 编辑器，进入工作界面，在模式选择区选择"模板"选项，在打开的界面中单击"模板中心"选项卡，在"搜索"文本框中输入"端午"，按【Enter】键进行搜索，将鼠标指针移到搜索结果列表中，单击弹出的 预览 按钮，如图 8-85 所示。

图8-85　搜索"端午"模板

STEP 2　在打开的页面中预览模板，对效果满意则单击 立即使用 按钮进行应用，如图 8-86 所示。

图8-86　应用模板

STEP 3　135 编辑器将自动应用该模板，并进入模板编辑状态，如图 8-87 所示。修改模板中的文本，文本内容可参考素材文件"粽情端午.txt"，效果如图 8-88 所示。

STEP 4　选择文本左侧的图片，在弹出的"图片"工具栏中选择"换图"选项，如图 8-89 所示。

STEP 5　打开"多图上传"对话框，单击"本地上传"选项卡，在打开的界面中单击 普通图片上传 按钮，在打开的"打开"对话框中选择"端午节活动 1.jpg"图片，单击 打开(O) 按钮，如图 8-90 所示。

图8-87　进入模板编辑状态

图8-88　修改文本

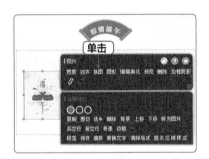

图8-89　替换图片

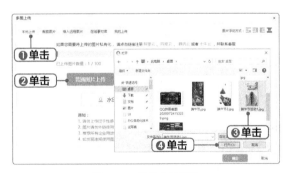

图8-90　替换本地图片

STEP 6 返回"多图上传"对话框，选择上传的图片，如图 8-91 所示，单击 开始上传 按钮进行上传，上传成功后单击 确定 按钮。

STEP 7 返回模板编辑界面即可看到替换图片后的效果，如图 8-92 所示。

图8-91　上传图片

图8-92　替换图片后的效果

STEP 8 使用相同的方法，替换其他板块中的内容，效果如图 8-93 所示。

图8-93　替换其他板块中的内容

第3部分

2. 通过"样式"修改模板板块内容

模板中的板块内容是可以修改的，下面通过"样式"修改其板块内容，使其效果与推文内容更符合。具体操作如下。

STEP 1 修改"粽子礼盒 手工制作"文本为"南方粽子 北方粽子"，选择其下方的 3 个板块内容，按【Delete】键进行删除，修改前后的效果如图 8-94 所示。

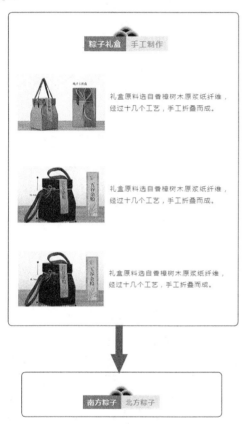

图8-94 修改文本

STEP 2 将光标定位在删除内容后的板块中，在模式选择区中选择"样式"选项，将鼠标指针移至"图文"选项卡，在弹出的下拉列表中选择"双图"选项，然后在结果中选择编号为"98527"的样式，如图 8-95 所示。

STEP 3 应用该样式后，使用相同的方法修改文本、替换图片，并设置文本填充颜色与当前主题的颜色一致，效果如图 8-96 所示。

STEP 4 使用相同的方法，搜索"端午"素材，添加编号为"95161"和"98706"的样式，应用并修改文本内容，然后添加图片样式为"粽子节图片素材三""粽子节图片素材二""粽子节图片素材一"的图片，并替换图片素材，效果如图 8-97 所示。

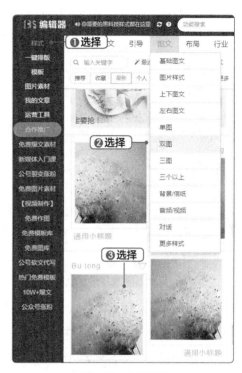

图8-95 选择样式

图8-96 修改样式内容

STEP 5 复制模板中的标题板块，将文本修改为"PK 大赛活动"，添加编号为"95163"的样式，然后修改文本内容并设置文本格式，完成推文的制作，效果如图 8-98 所示。

第 **8** 章 常用办公工具软件的使用

图8-97　添加并修改样式内容

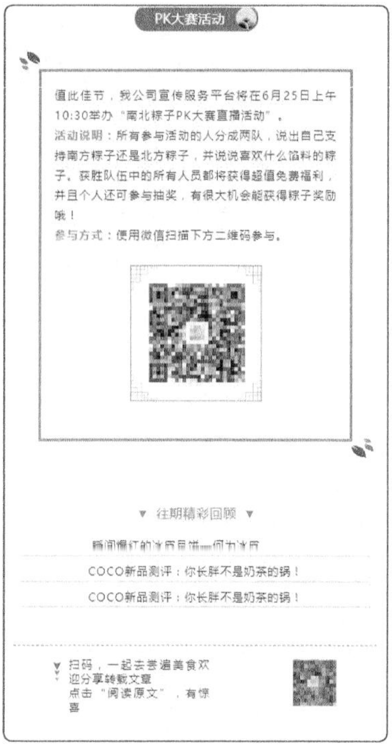

图8-98　修改其他内容

3. 将文章导出为长图并进行压缩

由于文章内容较多，可将文章导出为长图并进行压缩，具体操作如下。

STEP 1　在135编辑器工作界面的右下角选择"生成长图"选项，在弹出的提示框中单击 长图(宽480px) 按钮，如图8-99所示。

STEP 2　打开"新建下载任务"对话框，设置图片的保存名称和保存路径，单击 下载 按钮进行下载。

STEP 3　下载完成后打开图片的存储路径，选择该图片并单击鼠标右键，在弹出的快捷菜单中选择"添加到'粽情端午.rar'"命令，如图8-100所示，对其进行压缩操作。

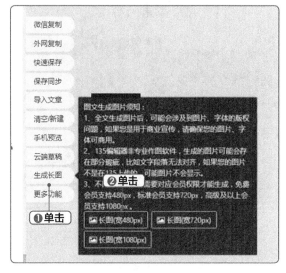

图8-99　生成长图

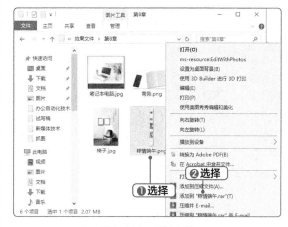

图8-100　压缩文件

8.8 强化实训

本章详细介绍了常用办公工具软件的使用方法，为了帮助读者进一步掌握常用办公工具软件的操作，下面通过加密压缩"公司文件"和系统状态体检与优化两个实训项目进行强化训练。

8.8.1 加密压缩"公司文件"

对于重要的文件，在进行压缩时，可设置解压密码，当需要解压该文件时，只有输入正确的密码才能进行解压，从而起到保护文件的作用。本实训将对"公司文件"文件夹进行加密压缩操作，以帮助读者巩固压缩文件的设置方法。

【制作效果与思路】

本实训加密压缩"公司文件"后，解压该文件时需输入正确的密码，效果如图8-101所示，具体制作思路如下。

图8-101　打开加密压缩的"公司文件"

素材所在位置　素材文件\第8章\公司文件\
效果所在位置　效果文件\第8章\公司文件.rar

微课视频

（1）选择需要压缩的"公司文件"文件夹，单击鼠标右键，在弹出的快捷菜单中选择"添加到压缩文件"命令。

（2）打开"压缩文件名或参数"对话框，在其中自定义压缩文件名、压缩方式、压缩格式、压缩分卷大小、更新方式和压缩选项等，单击 设置密码(P)... 按钮。

（3）在打开的对话框中输入解压的密码，这里输入"123456"，单击 确定 按钮，开始压缩。

8.8.2 系统状态体检与优化

用户办公时使用计算机的频率通常较高，并且会在办公的过程中下载一些文件和程序，为了保障计算机正常运行，避免计算机感染木马，需要定期对计算机进行体检、木马查杀以及垃圾清理等操作。通过本实训，用户可进一步掌握360安全卫士的使用方法，提高计算机系统的安全保障。

【制作效果与思路】

本实训的部分效果如图8-102所示，具体制作思路如下。

（1）启动360安全卫士，在主界面中单击 立即体检 按钮进行体检，检查完成后，单

微课视频

177

击  按钮进行系统修复。

（2）单击"木马查杀"选项卡，在打开界面右侧的"更多查杀"栏中单击"按位置查杀"按钮 。

（3）打开"360木马查杀"对话框，在"扫描区域设置"对话框中选中需要扫描的位置前的复选框，单击 开始扫描 按钮进行扫描。

（4）扫描完成后若有危险项目，可单击 一键处理 按钮进行处理；若没有，则单击 完成 按钮返回主界面。

（5）单击"电脑清理"选项卡，在打开的界面中单击 全面清理 按钮进行扫描，扫描完成后选中需要清理的垃圾的复选框，单击 一键清理 按钮进行清理。

图8-102　系统状态体检与优化

8.9　知识拓展

下面对常用办公工具软件的一些拓展知识进行介绍，以帮助读者更好地使用常用办公工具软件，提高办公效率。

1. 修复被损坏的压缩文件

若压缩文件出现问题无法进行操作，可通过WinRAR进行修复。具体操作方法为：打开WinRAR，选择需修复的压缩文件，选择【工具】/【修复压缩文件】命令，或单击工具栏中的"修复"按钮 ，在打开的对话框中设置保存被修复的压缩文件的文件夹和压缩文件类型后，单击 确定 按钮。

2. 使用Adobe Acrobat XI Pro添加附加文件

使用Adobe Acrobat XI Pro编辑文档时，还可以为其添加附加文件。具体操作方法为：打开需要编辑的PDF文档，单击Adobe Acrobat XI Pro界面右侧的"工具"选项卡，打开"工具"窗格，展开"内容编辑"栏，选择"附加文件"选项，在打开的对话框中选择需要附加的文件。

3. 使用美图秀秀添加水印

为了保证图片版权，避免被他人盗用，可以为图片添加水印，如个人姓名、公司Logo和名称等。在美图秀秀中可以为多张图片批量添加水印，具体操作方法为：在美图秀秀首页中选择"批处理"选项，下载并启动美图秀秀批处理工具，在其中选择需要添加水印的多张图片，单击右侧的"水印"按钮 ，打开"水印"对话框，单击 导入水印 按钮导入水印图片，然后在下方设置水印的大小、旋转、透明度、位置等参数，设置完成后单击 确定 按钮。

4. 使用美图秀秀制作证件照

证件照在日常生活和办公中都非常常用，通过美图秀秀可以方便地制作证件照。用户只需要在美图秀秀首页选择"证件照制作"选项，同意协议并启用证件照制作功能，打开"证件照制作"对话框，单击对话框底部的 按钮，在打开的对话框中选择需要的照片类型，并选择照片尺寸，然后选择拍摄照片或从手机相册中选择一张照片即可快速完成制作。图8-103所示为利用美图秀秀可以制作的证件照类型。

图8-103　证件照类型

8.10　课后练习

本章主要介绍了WinRAR、Adobe Acrobat、美图秀秀、百度脑图、135编辑器和360安全卫士的使用方法，读者应加强对该部分内容的练习与应用。下面通过4个练习，使读者对本章知识的应用方法及相关操作更加熟悉。

练习1 │ 分卷压缩文件

对大于1GB的文件进行分卷压缩，要求压缩文件格式为".rar"，分卷大小为200MB。

练习2 │ 创建并编辑 PDF 文档

本练习要求将Word文档创建为PDF文档，并在其中练习Adobe Acrobat XI Pro的基本操作，如添加批注、编辑文本和图片等。

练习3 │ 处理拍摄的照片

使用美图秀秀打开拍摄的照片，对其进行一键美化操作，然后添加文字、边框，使效果更加美观。

练习4 │ 制作"目标规划"思维导图

根据个人的情况，使用百度脑图制作"目标规划"思维导图，该导图既可以是短期的规划，也可以是长期的规划。

第9章

移动智能办公软件的使用

/ 本章导读

在移动互联网时代的大趋势下，移动已经成为风口，小到衣食住行，大到政治民生等各个方面。企业办公也趋向移动化，越来越多的企业开始使用移动智能办公软件进行办公，如腾讯 QQ、微信、腾讯文档、微云、钉钉等。本章将详细讲解常用移动智能办公软件的使用方法，以帮助读者提高办公效率。

/ 技能目标

掌握腾讯 QQ 和微信的使用方法。

掌握腾讯文档的创建和编辑方法。

掌握通过腾讯微云上传、分享和管理文件的方法。

掌握钉钉的使用方法。

/ 案例展示

序号	本周工作内容	工作级别	执行情况	备注	下周工作计划
		张琳工作周报			
1	在货币收支表中进行核对、汇总工作	普通	已完成		审核出纳填制的记账凭证及附件
2	审核出纳填制的记账凭证及附件	普通	进行中	附件不齐	查各个银行卡银行余额，登记款项，督促销售及时认款
3	审核报销单，报财务经理复审后在财务软件中编制记账凭证	重要	已完成		根据发票做销售单，在管家婆下账
4	认证增值税发票	重要	已完成		管理公司的合同，如有借出及时登记
5	根据财务软件导出的相关资料编制各项报表和免抵退核算资料	普通	已完成		做资金明细表
6	完成上月日常预申报、TRAS重点税源数据申报工作	普通	进行中		认证增值税发票

9月7日~11日

9.1 腾讯 QQ

腾讯QQ是常用的即时通信软件，支持在线聊天、视频通话、点对点断点续传文件、共享文件、自定义面板、QQ邮箱等多种功能，在日常办公中常用来在线聊天、发送文件、远程协助等。

9.1.1 添加 QQ 好友

下载并注册、登录腾讯QQ后，将日常好友或同事、客户等添加为好友，才能在腾讯QQ中通信。下面登录腾讯QQ并添加好友，具体操作如下。

STEP 1 启动腾讯 QQ，在登录界面输入账号和密码进行登录。

STEP 2 登录后，点击"联系人"界面右上角的 按钮，在打开的界面中选择添加好友的方式，如"添加手机联系人""扫一扫添加好友""面对面加好友"等。此处点击界面顶部的文本框并输入好友的 QQ 号进行查找，在稍后打开的界面中会显示搜索到的账号，如图 9-1 所示。

STEP 3 确认无误后，点击界面下方的 按钮，打开"添加好友"界面，在界面中填写验证信息并设置备注和分组，然后点击右上角的 发送 按钮，如图 9-2 所示。

STEP 4 好友请求发出后，如果对方在线并同意添加好友，则会收到系统消息并打开提示对话框提示添加成功。

图9-1 查找好友（续）

图9-1 查找好友

图9-2 发送验证信息

9.1.2 交流信息

腾讯QQ的重要功能是与好友交流信息，添加好友后就可以与其交流，具体操作如下。

STEP 1 启动并登录腾讯 QQ，在"联系人"界面的"分组"中点击"好友"选项，在打开的界面中点击 发消息 按钮，如图 9-3 所示。

STEP 3 点击文本框下方的工具栏中的 按钮，在打开的列表中选择需要的表情发送，如图 9-4 所示。除此之外，还可以点击 按钮发送语音，点击 按钮发送图片，点击 按钮发送红包。

STEP 4 点击 按钮，在打开的列表框中可以向好友发送"语音通话""视频通话"等，此处点击"语音通话"按钮 ，向好友发送语音通话邀请，如图 9-5 所示。

图9-3 发送信息

STEP 2 打开 QQ 对话框，在下方文本框中输入内容，然后点击 按钮发送信息。发送的信息将显示在上方的界面中，对方回复信息后，内容同样显示在其中。

图9-4 发送表情

图9-5 发送语音通话

9.1.3 发送文件

在日常办公中，除了使用腾讯QQ交流信息，用户还可用其发送文件。具体操作方法为：在QQ对话框中点击 按钮，在打开的列表框中点击"文件"按钮 ，然后在打开的界面中选中要发送的文件，点击 发送 按钮发送文件。对方接收文件后，将显示对方接收成功的消息提示，如图9-6所示。

微课视频

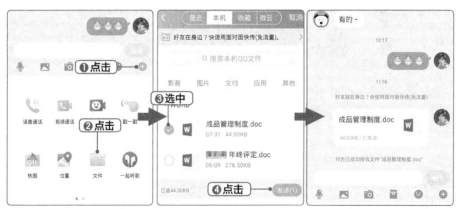

图9-6 发送文件

9.1.4 分享屏幕

在日常办公中，用户如果遇到不会的操作，或者想远程给同事、领导演示工作文件，可通过腾讯QQ的分享屏幕功能完成。分享屏幕后，对方可以看到自己的手机界面。具体方法为：在QQ对话框中点击➕按钮，将打开的列表框向左滑动，点击"分享屏幕"按钮➡️，再在打开的界面中点击立即开始按钮，对方接收邀请后，在对方的手机中就会显示自己的手机界面，如图9-7所示。

微课视频

图9-7 分享屏幕

9.2 微信

除了腾讯QQ，微信也经常被用户用来协助办公。微信是腾讯公司推出的一个为智能终端提供即时通信服务的软件，支持发送语音、视频、图片和文本等。下面将使用微信进行联系客户、创建并管理客户群、发布信息到朋友圈、管理微信公众号等操作。

9.2.1 联系客户

通过微信，用户可以与客户进行一对一的联系，其方法与腾讯QQ相似，具体操作如下。

微课视频

STEP 1 启动微信，在登录界面输入账号和密码登录。

STEP 2 点击"通讯录"按钮👤，进入"通讯录"界面，点击要联系的客户，如图9-8所示。

图9-8 点击要联系的客户

STEP 3 打开微信对话框，在文本框中输入对话内容，点击 发送 按钮发送信息，然后在文本框下方的工具栏中点击☺按钮，在打开的列表框中点击想要发送的表情，如图9-9所示。

STEP 4 点击⊕按钮，在打开的列表框中点击"相册"按钮🖼，如图9-10所示，在打开的界面中可以选择手机相册中的图片和视频进行发送。

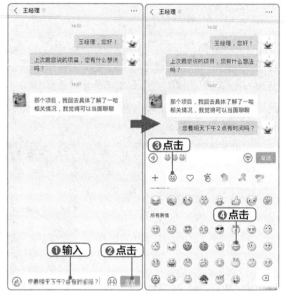

图9-9 发送消息

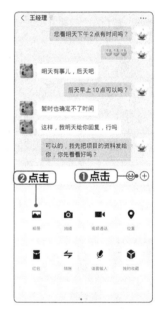

图9-10 点击"相册"按钮

9.2.2 创建并管理客户群

要培养熟客，创建客户群以维持感情是必不可少的。通过微信创建并管理客户群，可以集中目标客户群体，常在群里发布信息并进行线上、线下活动还能增进其对企业的信任感及情感。在微信中创建并管理客户群的具体操作如下。

微课视频

STEP 1 登录微信，点击界面右上角的⊕按钮，在打开的下拉列表中选择"发起群聊"选项，如图9-11所示。

图9-11 发起群聊

STEP 2 打开"群聊"界面，在其中选中要加入群聊的客户。

STEP 3 创建群聊后，在打开的"群聊"界面中点击右上角的···按钮，如图9-12所示。

图9-12 "群聊"界面

STEP 4 打开"聊天信息"界面，点击"群聊名称"选项，在打开的界面中输入群聊名称，然后点击

按钮。

STEP 5 点击"保存到通讯录"后的 按钮，将客户群保存到通讯录中。

STEP 6 点击"我在群里的昵称"选项，在打开的界面中输入群昵称，然后点击 完成 按钮。设置后的效果如图9-13所示。

图9-13 设置后的效果

STEP 7 点击"群管理"选项，在打开的界面中点击"群聊邀请确认"后的 按钮，如图9-14所示，启用后，其他人想要入群需要群主或群管理员确认。

图9-14 群聊邀请确认

9.2.3 | 发布信息到朋友圈

朋友圈是微信的一个重要社交功能，用户在朋友圈中发布与产品、活动相关的信息可以让客户了解企业，增强对企业的好感与信任。发布信息到朋友圈的方法为：登录微信，点击界面下方的"发现"按钮 ⊘，在"发现"界面中点击"朋友圈"选项，进入朋友圈后，点击界面右上角的 📷 按钮，在打开的界面中点击"从相册选择"选项，打开手机相册后，选择要发布的图片或视频，然后在打开的界面中输入要发布的文字信息，完成后点击界面右上角的 发表 按钮，如图9-15所示。

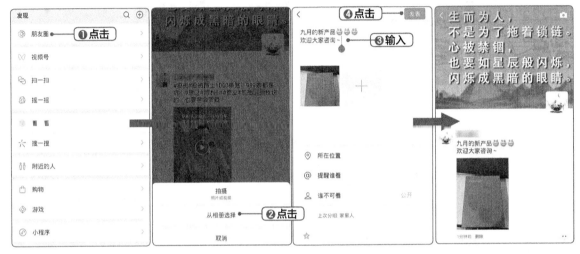

图9-15　发布信息到朋友圈

知识补充

"所在位置""提醒谁看""谁不可看"

在朋友圈发布信息时，点击"所在位置"选项，可以在打开的界面中定位位置，若企业需开展活动，添加位置可以给客户提示活动地址；点击"提醒谁看"选项，会打开用户的通讯录，选中好友后，好友会收到朋友圈提醒；点击"谁不可看"选项，在打开的界面中可以设置朋友圈的查看权限，包括公开、私密、部分可见和不给谁看。

9.2.4 | 管理微信公众号

微信公众号是基于微信通信软件而开发的功能模块，它充分利用微信的特点，吸引了大量个人和企业使用。对企业来说，要想利用微信公众号建设企业或品牌形象，为用户提供服务，就必须要管理好微信公众号。做好微信公众号管理，不仅可以及时发现企业存在的问题，还可以了解客户最真实的需求。下面就详细介绍管理微信公众号的相关知识，具体操作如下。

STEP 1 打开并登录微信，在微信公众号"公众平台安全助手"中点击右下角的"我的账号"选项，在打开的界面中选择公众号进行登录（若是首次在移动端登录微信公众号，需要关注微信公众号"公众平台安全助手"，并在其中输入微信公众号的账号、密码）。

STEP 2 进入微信公众平台后，点击"功能"按钮可查看微信公众号的"消息""留言""赞赏""通知"，点击"数据"按钮可查看微信公众号的相关数据，包括"粉丝统计""群发数据""视频数据"等，如图9-16所示。

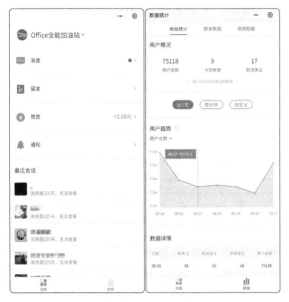

图9-16 微信公众号的"功能""数据"界面

话界面，在文本框中输入对话内容，点击 发送 按钮发送信息，如图 9-17 所示。

图9-17 回复微信公众号消息

STEP 3 在"功能"界面中点击"消息"选项，进入"消息"界面，在其中点击要回复的对象，进入对

知识补充

如何更好地管理微信公众号

要想管理好微信公众号，微信公众号管理人员应当定时收集微信用户提出的问题和建议，对问题进行分类整理并上报相关部门负责人，部门负责人也应当及时对微信用户提出的问题进行解答，将问题解答方案发送给微信公众号管理人员，微信公众号管理人员统一回复。对于微信用户发送的消息，微信公众号管理人员应当及时回复，与用户保持理性沟通。

9.3 腾讯文档

腾讯文档是一款可多人协作的在线文档，用户随时随地使用任意设备皆可访问、创建和编辑文档。使用腾讯文档不仅可以制作出图文并茂的文档、富含众多数据的表格，还可以创建形象、生动的幻灯片。

9.3.1 创建腾讯文档

在手机中安装并启动腾讯文档后，即可进入登录界面，登录后可创建腾讯文档。用户创建腾讯文档时，可以采用新建空白腾讯文档和根据模板新建腾讯文档两种方式，新建空白腾讯文档的操作比较简单，下载并登录腾讯文档后，点击界面下方的 + 按钮，在打开的界面中点击要创建的文件类型即可。下面详细介绍根据模板新建腾讯文档的方法，具体操作如下。

微课视频

STEP 1 启动并登录腾讯文档，点击界面下方的 ➕ 按钮，在打开的界面中点击"通过模板新建"选项，如图9-18所示。

图9-18　通过模板新建

STEP 2 打开"选取模板"界面，点击"文档"选项卡，在界面下方点击"远程办公"栏下的"待解决问题清单"选项，如图9-19所示。

图9-19　选取模板

STEP 3 进入"待解决问题清单"界面，根据实际情况更改内容，效果如图9-20所示。

图9-20　更改内容

STEP 4 点击界面左上角的＜按钮，返回腾讯文档首页即可看到创建的腾讯文档，如图9-21所示。

图9-21　查看文档

9.3.2 │ 编辑腾讯文档

创建腾讯文档后，用户可对文档进行编辑，如修改字体字号、加粗或倾斜文本、突出显示文本、设置段落格式。下面详细介绍编辑腾讯文档的方法，具体操作如下。

微课视频

STEP 1 启动并登录腾讯文档，点击界面下方的"文档"按钮 📄，在打开的界面中点击要编辑的文档，此处点击"财务杠杆"文档，如图9-22所示。

STEP 2 进入文档编辑界面，选择"财务杠杆"文本，点击界面下方工具栏中的Aa按钮，在打开的界面中点击标题按钮，如图9-23所示。

STEP 3 点击 ≣ 按钮，在打开的界面中点击 ≡ 按钮，将文本居中对齐，如图9-24所示。

STEP 4 选择第2段中的"筹资杠杆或融资杠杆"文本，点击工具栏中的Aa按钮，在打开的界面中点击B按钮加粗文本，再点击●按钮将文本设置为红色，如图9-25所示。

STEP 5 选择第3段中的第一句文本，点击工具栏中的Aa按钮，在打开的界面中点击 *I* 按钮倾斜文本，再点击 ⁱⁱ 按钮加大文本字号，如图9-26所示。

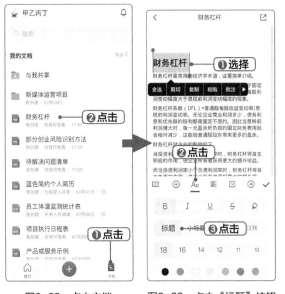

图9-22 点击文档　　图9-23 点击"标题"按钮

按钮，在打开的界面中点击 ≔ 按钮为文本设置项目符号，如图 9-27 所示。最后点击工具栏中的 ✓ 按钮完成编辑。

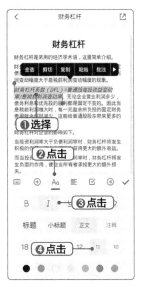

图9-26 设置倾斜和字号

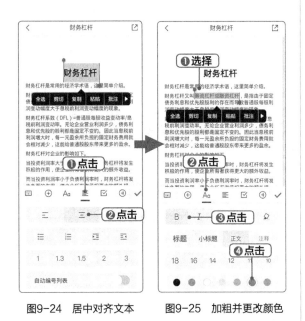

图9-24 居中对齐文本　　图9-25 加粗并更改颜色

STEP 6 选择最后两段文本，点击工具栏中的 ≣

图9-27 设置项目符号

技巧秒杀

邀请他人协作

　　区别于其他文档编辑软件，腾讯文档的一大亮点就是多人协作，编辑好文档后，将文档分享给他人并设置分享权限就可以实现多人协作编辑文档。具体方法为：点击文档编辑界面右上角的 ☐ 按钮，在打开的界面中设置分享权限并发送给好友或同事，如图9-28所示。

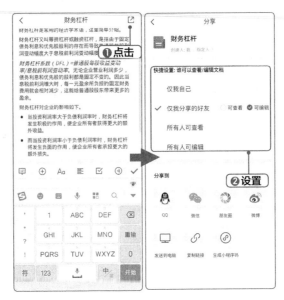

图9-28 邀请他人一起协作

9.3.3 | 导入、导出文件

用户除了使用腾讯文档在线编辑文件，还可以将编辑好的文件导入腾讯文档中，或导出编辑好的腾讯文档。导入文件的方法是：点击腾讯文档界面的 ➕ 按钮，在打开的界面中点击"导入文档"按钮 ，然后在打开的"选择文件"界面点击要导入的文件，如图9-29所示。导出文件的方法是：点击腾讯文档界面的"文档"按钮 ☰，在打开的界面中点击要导出的文件，再在文档编辑界面中点击 ☰ 按钮，在打开的界面中点击"发送到电脑"按钮 💻，如图9-30所示。导出成功后用户关注"腾讯文档"微信公众号，登录微信电脑版即可查看。

微课视频

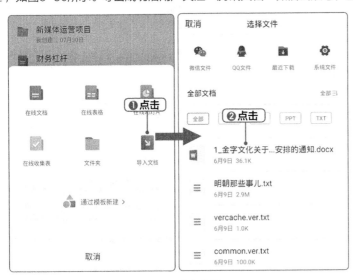

图9-29 导入文件

图9-30 导出文件

9.4 腾讯微云

　　腾讯微云是腾讯公司打造的一款云存储应用，用户通过腾讯微云可以在手机和计算机之间同步文件、传输数据等。

9.4.1 上传文件

微课视频

　　下载并登录腾讯微云，即可将计算机中的文件上传到腾讯微云。下面介绍在腾讯微云中上传文件的方法，具体操作如下。

STEP 1　启动并登录腾讯微云，点击界面下方的 ⊕ 按钮，在打开的界面中点击"文件"按钮 ，如图9-31 所示。

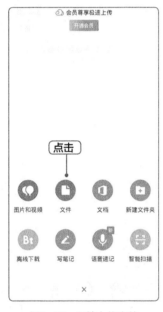

图9-31　开始上传文件

STEP 2　打开目录，点击要上传的文件。此处点击"来自 QQ" 按钮，在打开的界面中点击要上传的文件，然后点击 上传(1) 按钮，如图 9-32 所示。

STEP 3　打开"任务"界面，这个界面中会显示文件的上传进度，上传完成后返回腾讯微云界面，点击"文件"按钮 即可查看上传的文件，如图 9-33 所示。

图9-32　点击文件

图9-33　上传文件完成

9.4.2 分享文件

除了上传文件到腾讯微云，用户还可以将文件分享给好友或同事。分享文件的方法比较简单，具体操作为：启动并登录腾讯微云，点击界面下方的"文件"按钮■，再点击要分享文件后的 按钮，在打开的界面中点击"发送给朋友"选项，继续在打开的界面中选择分享方式，如点击"QQ"按钮🐧，跳转至QQ的"发送给"界面，在其中选择要分享的好友，如图9-34所示。如果分享的文件具有私密性，还可以在分享时添加分享密码。

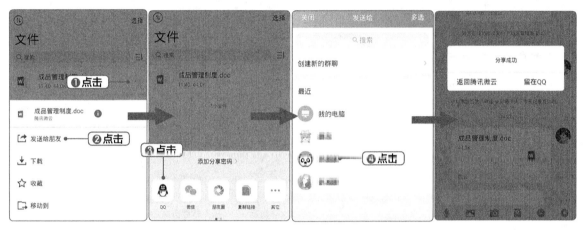

图9-34 分享文件

9.4.3 管理文件

为了能够随时在腾讯微云中上传、下载或分享文件，用户还应当对腾讯微云中的文件进行管理，如分类整理、备份、安全设置等。下面通过腾讯微云管理日常办公所需的文件，具体操作如下。

微课视频

STEP 1 启动并登录腾讯微云，点击界面下方的⊕按钮，在打开的界面中点击"新建文件夹"按钮■，在打开的界面中输入文件夹的名称，此处输入"项目一"文本，再点击 确定 按钮，如图9-35所示。

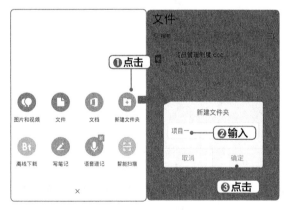

图9-35 新建文件夹

STEP 2 返回"文件"界面，点击要选择的文件后的 按钮，在打开的界面中点击"移动到"选项，将选中的文件移动到"项目一"文件夹中，如图9-36

所示。

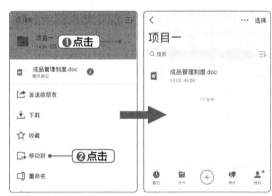

图9-36 移动文件

STEP 3 点击"我的"按钮▲，在打开的界面中点击"设置"选项，进入"设置"界面，点击"文件自动备份"选项，在打开的"备份设置"界面中依次点击"微信文件备份""QQ 文件备份"后的 按钮，如图 9-37 所示。设置后，微信和腾讯 QQ 中的文件都会自动备份到腾讯微云中。

图9-37　备份设置

STEP 4 返回"设置"界面，点击"安全设置"选项，进入"安全设置"界面，点击"独立密码"选项，在打开的界面中输入密码，点击 确定

按钮，如图 9-38 所示。开启独立密码后，使用微信或腾讯 QQ 登录腾讯微云后都需要输入密码才能进入，这能够很好地保护文件。

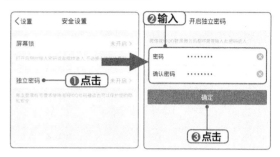

图9-38　开启独立密码

9.5　钉钉

钉钉是国内领先的智能移动办公平台，不仅能够实现组织在线、沟通在线、协同在线、业务在线，服务企业内部，还能实现企业运营环境的整体生态改造，为企业提供一站式智能办公服务。

9.5.1　日常考勤管理

通过钉钉进行日常考勤管理，管理者可以实时查看成员的出勤状况，方便进行统一管理。一般来说，创建企业/团队/组织后，钉钉会自动为其设置考勤规则，若考勤规则不符合实际情况，可以选择修改或者新增考勤组。下载并登录钉钉后，点击"工作台"按钮，进入"工作台"界面后，点击"智能人事"栏下的"考勤打卡"按钮即可管理企业的日常考勤，如图9-39所示。进入考勤打卡界面，点击下方的"设置"按钮，可在其中修改或者新增考勤组，如图9-40所示。要想修改考勤组的考勤规则，可点击某考勤组，进入"修改考勤组"界面，在打开的界面中可以修改"参与考勤人员""考勤组名称"等，如图9-41所示。要想新增考勤组，可点击"设置"界面中的"新增考勤组"按钮，在打开的界面中新增考勤组的考勤规则，如图9-42所示。

图9-39　"工作台"界面　　图9-40　"设置"界面　　图9-41　"修改考勤组"界面　图9-42　"新增考勤组"界面

9.5.2 智能人事管理

在过去，管理企业人事时，无论是员工入职、调动，还是请假、离职等都需要人工进行管理或者利用纸质文件进行信息采集、整理、归档等。如今通过钉钉，企业的人事管理只需要人事管理专员线上发起，各级领导在线审批。进入"工作台"界面后，点击"智能人事"栏下的"智能人事"按钮![H]即可进行人事管理，图9-43所示即为钉钉的"智能人事"界面。在界面中点击"基础人事"栏下的"办理入职"按钮![图]，可在打开的界面中选择员工的入职方式，如点击"扫码入职"按钮![图]，在打开的界面中会提供一个二维码，员工使用钉钉扫码后，填写入职登记表即可入职，如图9-44所示。点击"智能人事"界面下方的"服务台"按钮![图]，进入"服务台"界面，在其中可以管理更多事项，如"转正""离职交接"等，如图9-45所示。

图9-43 "智能人事"界面　　　　　　　图9-44 扫码入职　　　　　　　图9-45 "服务台"界面

第3部分

知识补充

客户管理、财务管理和行政管理

除了使用钉钉进行考勤管理和人事管理，用户还可以通过钉钉进行客户管理、财务管理和行政管理。通过客户管理功能，用户可以自定义客户信息、跟进内容，或对客户进行分级管理；通过财务管理功能，用户可以快速完成"报销""收款审批"等财务工作；通过行政管理功能，用户可以有效完成"采购""物品领用"等行政工作。

9.5.3 DING 消息

DING消息是钉钉的一大特色功能，其强大之处在于：无论对方是否安装钉钉，是否连接网络，被"DING"的对象均可收到DING消息。对方收到DING消息提醒电话，号码显示为发送方的电话号码。如果是语音，对方接电话后会听到发送方的语音消息；如果是文本信息，钉钉会将文本播报给对方。发送DING消息的方法是：进入钉钉的"消息"界面，点击右上角的![DING]按钮，在打开的"DING"界面中点击![+]按钮，然后在"新建DING"界面中选择接收人、输入消息内容，并设置提醒时间和提醒方式后，钉钉就会在指定时间"DING一下"目标对象，如图9-46所示。

另外，如果用户在群聊中发送了重要消息，有成员未读，可以点击消息下的"×人未读"选项，在打开的界面中选择提醒方式向未读成员发送DING消息，如图9-47所示。

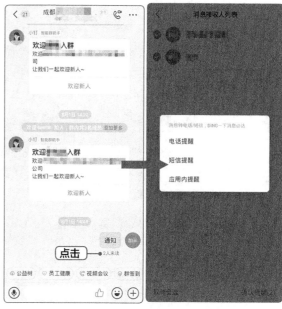

图9-46　发送DING消息　　　　　　　　　　　　图9-47　向未读成员发送DING消息

9.5.4　协同会议

智能手机和平板电脑的崛起让移动设备进入办公领域，当前协同工作不再仅限于PC端，在移动端中也流行起来。钉钉的协同会议功能集远程会议、日常沟通、共享资料、活动培训等于一体，采用分布式的云架构系统，支持会议室端、PC端和移动端接入，并在各种终端之间实现无缝对接。进入"工作台"界面，点击"协同效率"栏下的"视频会议"按钮、"语音会议"按钮和"电话会议"按钮，即可发起会议，如图9-48所示。

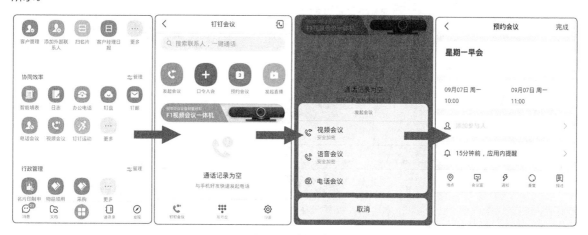

图9-48　协同会议

9.6 课堂案例：填写"工作周报"并进行分享

在工作中，很多企业都会要求员工填写工作周报，即将每周的工作情况汇总，提报上一级领导。填写工作周报，一方面可以让员工明确工作目的，另一方面也可以让上一级领导了解员工的具体工作，从而提出关键性的意见，提升员工的工作效率。

9.6.1 案例目标

通过填写"工作周报"并进行分享这一案例，可以让读者快速掌握腾讯文档的使用方法。本案例的工作周报需要运用腾讯文档，其不仅可以让工作周报一目了然，还能实现多人协作，参考效果如图9-49所示。

序号	本周工作内容	工作级别	执行情况	备注	下周工作计划
			张琳工作周报		
1	在货币收支表中进行核对、汇总工作	普通	已完成		审核出纳填制的记账凭证及附件
2	审核出纳填制的记账凭证及附件	普通	进行中	附件不齐	查各个银行卡银行余额，登记款项，督促销售及时认款
3	审核报销单，报财务经理复审后在财务软件中编制记账凭证	重要	已完成		根据发票做销售单，在管家婆下账
4	认证增值税发票	重要	已完成		管理公司的合同，如有借出及时登记
5	根据财务软件导出的相关资料编制各项报表和免抵退核算资料	普通	已完成		做资金明细表
6	完成上月日常预申报、TRAS重点税源数据申报工作	普通	进行中		认证增值税发票

图9-49 参考效果

第3部分

 素材所在位置 素材文件\第9章\工作周报.xlsx
效果所在位置 效果文件\第9章\张琳工作周报.xlsx

微课视频

9.6.2 制作思路

本案例的具体制作思路如图9-50所示。

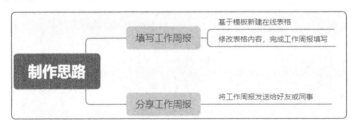

图9-50 制作思路

9.6.3 操作步骤

下面通过腾讯文档模板库中的模板新建工作周报，并在填写内容后进行分享，具体操作如下。

STEP 1 登录腾讯文档，点击界面下方的 ⊕ 按钮，在打开的界面中点击"通过模板新建"选项，如图 9-51 所示。

图9-51 点击"通过模板新建"选项

STEP 2 在打开的界面中选择模板，此处点击"远程办公"栏下的"小组工作周报"选项，如图 9-52 所示。

图9-52 选择模板

STEP 3 进入模板编辑状态，修改模板中的文本，首先将模板标题文本修改为"张琳工作周报"，然后更改模板的标题行内容，文本内容可参考"工作周报 .xlsx"表格，效果如图 9-53 所示。

图9-53 更改标题行内容

STEP 4 点击第 2 行，点击工具栏中的 Aa 按钮，然后在打开的界面中点击 ≡ 按钮，将标题行文本居中对齐，如图 9-54 所示。

图9-54 设置居中对齐

STEP 5 继续更改模板中的文本内容，点击第 3 行，在打开的列表中点击"按行填写"选项，在打开的列表框中根据"工作周报 .xlsx"表格修改文本内容，完成后点击 完成 按钮，如图 9-55 所示。

图9-55 修改内容

STEP 6 按照相同的方法完善工作周报的内容。

STEP 7 点击第3行，点击并拖曳下方的小圆点选中第3~8行，然后点击第8行下的⬛按钮并向上拖曳，调整表格的行高，如图9-56所示。

图9-56 调整行高

STEP 8 点击A列，向左拖曳▐▌按钮，调整A列的列宽，如图9-57所示。按照同样的方法调整C、D、E列的列宽。完成后点击工具栏中的✔按钮完成编辑。

STEP 9 点击表格标签，在打开的列表中选择"重命名"选项，在打开的界面中输入新的工作表名称"9月7日~11日"，再点击确定按钮，如图9-58所示。

STEP 10 点击工作簿中其他的工作表标签，在打开的列表中选择"删除"选项，将多余的工作表删除。

STEP 11 工作周报填写完毕，点击右上角的☰按钮，在打开的界面中选择"重命名"选项，在打开的"重命名"文本框中将工作簿名称更改为"张琳工作周报"。

图9-57 调整列宽

图9-58 重命名

STEP 12 点击界面右上角的↗按钮，在打开的界面中选择分享方式将工作周报发送给好友或同事。

第3部分

9.7 强化实训

　　本章详细介绍了移动智能办公软件的使用方法，为了帮助读者进一步掌握这些工具的操作方法，下面将通过使用钉钉开展多人视频会议和使用微信与客户交流项目两个实训进行强化训练。

9.7.1 使用钉钉开展多人视频会议

　　使用钉钉开展多人视频会议是目前办公的常用方式，通过本实训读者可进一步掌握使用钉钉开展多人会议的方法，提升工作效率。

　　【制作效果与思路】

　　本实训的部分效果如图9-59所示，具体制作思路如下。

　　（1）启动并登录钉钉，点击"工作台"按钮器进入"工作台"界面，然后点击"协同效率"栏下的"视频会议"按钮。

　　（2）进入"钉钉会议"界面，点击左上角的"发起会议"按钮，在打开的界面中选择"视频会议"选项。

　　（3）在打开的界面中输入视频会议的标题"周一早会"，然后点击   按钮。

微课视频

（4）进入会议，点击"添加参会人"按钮 ，在打开的界面中选择参会人员。

（5）与会人员同意并入会后可开始视频会议。

图9-59 开展多人视频会议的部分效果

9.7.2 使用微信与客户交流项目

用户办公时使用微信的频率通常较高，并且会在工作过程中与客户交流项目。通过本实训，读者可进一步掌握微信的使用方法，以建立与客户的友好联系。

微课视频

【制作效果与思路】

本实训的部分效果如图9-60所示，具体制作思路如下。

（1）启动并登录微信，点击"通讯录"按钮 ，在"通讯录"界面中选择要联系的客户。

（2）在打开的界面中点击 发消息 按钮，打开微信对话框，输入对话内容，点击 发送 按钮发送信息。

（3）在文本框下方的工具栏中点击 按钮，在打开的列表中选择并发送表情。

（4）点击 按钮，在打开的列表中点击"相册"按钮 ，向对方发送手机相册中的图片。

（5）点击 按钮，在打开的列表中点击"视频通话"按钮 ，然后在打开的界面中选择"语音通话"选项。

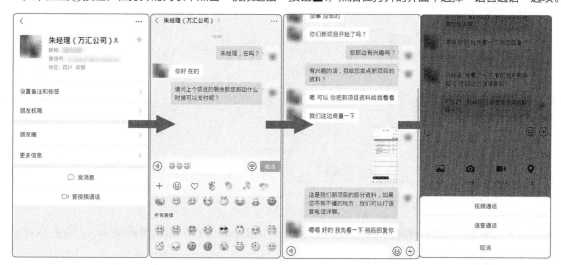

图9-60 使用微信与客户交流项目的部分效果

9.8 知识拓展

下面对移动智能办公软件的一些拓展知识进行介绍，以帮助读者更好地使用移动智能办公软件，提高办公效率。

1. 查看微信聊天记录

使用微信同时与多个好友进行交流，难免忘记交流的重点内容。此时，打开与好友交流的界面，点击右上角的•••按钮，在打开的界面中点击"查找聊天记录"选项，可以按照日期、图片及视频、文件等形式查找与该好友交谈的内容。

2. 使用钉钉的签到功能记录拜访客户过程

钉钉的签到功能可以记录企业业务部门外出拜访客户的过程，如给客户打电话、拜访地址签到、撰写拜访记录等，记录、跟进这些拜访客户的过程可以方便业务部门维系客户关系。其方法为：打开钉钉，在工作台界面中点击"签到"图标 ⊙，进入"签到"界面，在拜访对象栏中选择以通讯录的方式，或直接输入添加所拜访客户名称并签到，就可记录拜访客户的过程。

3. 使用腾讯文档创建在线收集表

除了常用的文档、表格、幻灯片等，用户还可以使用腾讯文档创建在线收集表，如资料收集表、会议签到表、代购清单表、在线投票表等。填写者提交信息后，创建者可以一键汇总所有数据到在线表格，使数据的整理更加高效。使用腾讯文档创建在线收集表的方法为：启动并登录腾讯文档，点击界面下方的 ⊕ 按钮，在打开的界面中点击"在线收集表"选项，然后在打开的界面中选取模板，最后根据实际情况更改内容。

9.9 课后练习

本章主要介绍了腾讯QQ、微信、腾讯文档、腾讯微云、钉钉的使用方法，读者应加强对该部分内容的练习与应用，下面通过5个练习帮助读者巩固本章所学知识。

练习 1　添加 QQ 好友并发送文件

登录腾讯QQ，添加好友并进行交流，然后发送文件。

练习 2　发布图片到朋友圈

挑选手机相册中的一张照片，将其发布到微信朋友圈中。

练习 3　编辑腾讯文档

将手机中的文件导入腾讯文档并进行编辑。

练习 4　在腾讯微云中上传并分享文件

将编辑好的腾讯文档上传到腾讯微云中并分享给微信好友。

练习 5　新建钉钉考勤组

在钉钉中新建考勤组，对其考勤规则进行设置，如参与考勤人员、考勤组名称、考勤时间、考勤方式等。

第3部分

第3部分

第 10 章

办公设备的使用

/ 本章导读

掌握了办公自动化的软件技能和工具操作方法后，读者还需要了解并掌握办公设备的使用与维护方法，主要包括打印机、扫描仪、复印机、投影仪等办公设备。本章将详细介绍这些办公设备，帮助读者掌握其使用和维护方法。

/ 技能目标

掌握打印机和扫描仪的使用方法。

掌握复印机和投影仪的使用方法。

/ 案例展示

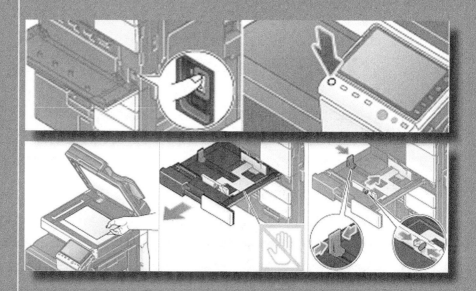

10.1 打印机

打印机是办公自动化的重要输出设备之一，主要用于将计算机运算和处理后的结果输出到纸张上。用户可通过简单的操作，利用打印机把制作的各种类型的文档输出到纸张或有关介质上，从而便于在不同场合传送、阅读和保存。

10.1.1 了解打印机的类型

办公中常用的打印机主要有喷墨打印机和激光打印机。下面分别对这两种打印机的外观和性能进行介绍，帮助读者顺利地进行日常办公。

1. 喷墨打印机

喷墨打印机是一种经济型非击打式的高品质打印机，是性价比较高的彩色图像输出设备，因其强大的彩色功能和较低的价格，在现代办公领域颇受青睐。喷墨打印机的特点是体积小、操作简单方便、工作噪声低和分辨率高，其外观如图10-1所示。喷墨打印机的工作原理是将墨水喷到纸张上形成点阵图像。喷墨打印机的结构示意图如图10-2所示。

图10-1 喷墨打印机外观

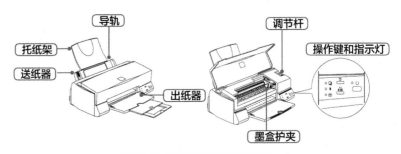

图10-2 喷墨打印机结构示意图

2. 激光打印机

与喷墨打印机不同，激光打印机是使用硒鼓粉盒里的碳粉形成图像。激光打印机分为黑白激光打印机和彩色激光打印机，分别用于打印黑白和彩色页面。彩色激光打印机的价格比喷墨打印机贵，其成像更加复杂，其优势在于技术更成熟、性能更稳定、打印速度和输出质量更高，其外观如图10-3所示。

激光打印机主要由4部分构成，如图10-4所示。其中，1为控制面板，2、3、4为纸盒和纸盒托盘部分，5为打印机电源开关按钮，6为出纸盘。

图10-3 激光打印机外观

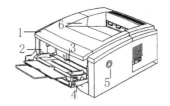

图10-4 激光打印机结构

10.1.2 安装并使用打印机

受办公场地的限制，公司一般不会为每台计算机单独连接一个打印机。因此，在实际办公过程中，常常需要连接网络打印机，其实质是通过访问已共享的本地打印机进行其他计算机与打印机的连接。在计算机中安装打印机驱动程序后，即可进行打印机的安装与使用，具体操作如下。

微课视频

第3部分

STEP 1 在控制面板中选择"查看设备和打印机"选项，打开"设备和打印机"窗口。在其中单击鼠标右键，在弹出的快捷菜单中选择"添加设备和打印机"命令，如图 10-5 所示。

图10-5 选择"添加设备和打印机"命令

STEP 2 打开"添加设备"对话框，Windows 10 自动搜索网络中已有的打印机，在搜索结果中选择所需打印机，单击 下一步(N) 按钮，如图 10-6 所示。

图10-6 选择需添加的打印机

STEP 3 系统将自动连接网络打印机，并安装打印机驱动程序，如图 10-7 所示。

图10-7 安装打印机驱动程序

STEP 4 安装完成后将自动关闭对话框并返回"设备和打印机"窗口，完成打印机的添加，如图 10-8 所示。

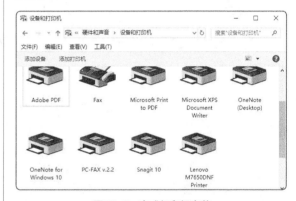

图10-8 完成打印机安装

STEP 5 在打开的文档中选择【文件】/【打印】命令，选择已安装的打印机，即可使用打印机打印文档。

10.1.3 | 处理打印中的常见问题

使用打印机的过程中，用户可能会遇到一些问题，下面介绍一些常见问题及其解决方法。

● **卡纸**：出现卡纸时，先打开打印机的前盖，如果能够看到卡住的纸张，轻轻将纸张取出；如果纸张被卡在更深处，取出硒鼓单元和墨粉盒组件，按下蓝色锁杆并将墨粉盒从硒鼓单元中取出，然后取出卡住的纸张。

● **打印字迹偏淡**：首先取出墨粉盒轻轻摇动，然后装上查看打印效果是否有改善。如果仍旧偏淡，则应该更换墨粉盒。

● **出现白色条纹、斑马纹或漏点**：这主要是由打印机的喷嘴堵塞、墨水耗尽或色彩混合导致的。若墨水耗尽，可取出硒鼓单元和墨粉盒组件，重新更换墨粉盒。若为其他原因，可取出打印机的墨粉盒，使用洁净、柔软、干燥的无绒抹布或纸巾擦拭墨粉盒的电子触点、墨盒托架上的电子触点和墨盒上的喷嘴。

10.2 扫描仪

扫描仪是一种捕获图像并将其转换为计算机可以显示、编辑、储存和输出的数字信号的数字化输入设备。在办公过程中，有的用户需要将发票、印有公章的文件或其他文档扫描为图片格式，以将其保存或发送给同事或客户查看。下面详细介绍扫描仪的使用方法、扫描注意事项，以及如何处理扫描中的常见问题。

10.2.1 扫描仪的使用方法

连接扫描仪并安装驱动程序后，即可开始对所需扫描文件进行扫描，然后将扫描结果保存到计算机中。虽然不同品牌扫描仪的扫描界面有差异，但是其工作方式和操作方法相似。下面对其使用方法进行介绍。

（1）放置扫描文件。打开扫描仪盖，将要扫描的文件放在文件台内，需要扫描的面朝下。将文件抚平，盖上扫描仪盖，以免文稿移动。

（2）选择扫描模式。按下扫描仪的电源按钮，启动扫描仪设备，在"开始"菜单中选择扫描仪选项，打开扫描仪软件的扫描对话框，选择扫描模式，如全自动模式。

（3）设置扫描参数。打开扫描模式设置对话框，在其中可设置分辨率、去杂点或颜色翻新等参数。一般来说，设置的分辨率越高，图像越清晰，扫描时间越长。

（4）设置保存位置。完成参数设置后，设置扫描文件的保存位置，主要设置扫描图像的保存路径、保存名称和保存格式。

（5）开始扫描。在扫描对话框中单击"扫描"按钮即可扫描文件。扫描完成后将生成扫描文件的预览图。扫描文件将被保存到设置的位置中，如果没有设置文件保存位置，图片将以默认格式保存在"我的文档"中。

10.2.2 扫描注意事项

在使用扫描仪的过程中要注意以下事项，以延长扫描仪的使用时间，维持扫描仪的正常寿命。

- **不要经常插拔电源线与扫描仪的接头：**经常插拔电源线与扫描仪的接头，会造成连接处接触不良，导致电路不通。
- **不要中途切断电源：**扫描完文件后，扫描仪的扫描部件需要一定时间从底部归位。所以最好等到扫描部件完全归位后，再切断电源，否则容易损坏部件。
- **放置物品时要一次定位准确：**放置物品时要一次定位准确，不要随便移动，以免刮伤玻璃，更不要在扫描的过程中移动物品。
- **不要在扫描仪上面放置物品：**有些用户常将一些物品放在扫描仪上面，时间长了，扫描仪的塑料遮板因中空受压而变形，进而影响扫描仪的使用。
- **长久不用时请切断电源：**当长久不用时，只要未切断电源，扫描仪的灯管将依然是亮着的。由于扫描仪灯管也是消耗品，所以建议用户在长久不用时切断电源。
- **机械部分的保养：**扫描仪长久使用后，要拆开盖子，用浸有缝纫机油的棉布擦拭镜组两条轨道上的油垢；擦净后，再将适量的缝纫机油滴在传动齿轮组及皮带两端的轴承上面，这样可以降低扫描仪的噪声。

10.2.3 处理扫描中的常见问题

在使用扫描仪的过程中，可能会出现一些问题，下面介绍常见问题及其处理方法。

- **扫描速度太慢：**若发现扫描速度很慢，可能是因为设置的扫描分辨率太高、添加了特效或计算机内存和硬盘容量偏小。查看设置并进行修改或换用高配置的计算机进行扫描即可。
- **扫描图像模糊：**若扫描图像很模糊，可能是因为设置的扫描分辨率太低、扫描仪玻璃板上有污迹、扫描

第3部分

文件没有放平整、漏光或计算机的分辨率、显卡驱动程序有问题，可逐一排查进行解决。

● **扫描的图像有条纹：** 若出现竖条纹，可能是因为扫描仪镜头或上罩基准白有污迹，可以试试清理污迹和灰尘。若出现其他条纹，可能是因为扫描仪数据线接触不良、扫描仪内部的传动皮带老化，需要进行检修。

● **文字识别效果不佳：** 如果扫描仪具有光学字符识别（Optical Character Recognition，OCR）功能，但识别的文字有很多错误或无法识别，可能是原稿质量不佳、扫描模式为黑白、扫描分辨率太低（一般不低于300dpi）、稿件倾斜、原稿字迹不清楚等原因造成的，可一一进行排查，以提高文字识别效果。

10.3 复印机

复印机是一种将已有文件快捷产生多个备份的办公设备，在复印证件、文件时十分常用。下面主要介绍如何使用、保养复印机，以及如何处理复印机的常见问题等。

10.3.1 使用复印机

复印机的操作方法都是类似的，下面使用柯尼卡美能达C754数码复印机复印一份文件，具体操作如下。

STEP 1 打开复印机下前门，按主电源开关，将其设置为"丨"状态，如图 10-9 所示。

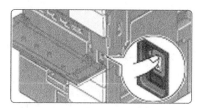

图10-9 打开主电源开关

STEP 2 关闭复印机下前门，控制面板中的电源按钮会发出黄光；当电源按钮变成蓝光时，表明复印机已做好准备可以使用，如图 10-10 所示。

图10-10 显示电源按钮状态

STEP 3 打开自动输稿器（Auto Document Feeder，ADF）至 20° 或更大倾斜度位置，把原稿顶部朝向本机的后侧放置，并使原稿与刻度左右侧的标记对齐，如图 10-11 所示，然后关闭 ADF。

STEP 4 拉出纸盒 1，如图 10-12 所示，注意不要触碰胶片。

图10-11 装入原稿

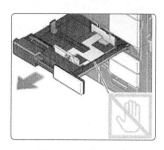

图10-12 拉出纸盒

STEP 5 将横向导板滑动到适合装入纸张尺寸的位置，如图 10-13 所示。

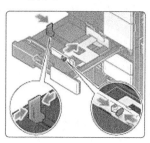

图10-13 调整位置

STEP 6 将纸张装入纸盒，使进行打印的一面朝上，如图 10-14 所示，然后关闭纸盒。

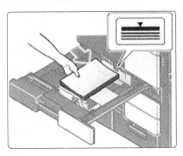

图10-14　将纸张装入纸盒

STEP 7 在控制面板的菜单按钮中按"复制"按钮，如图 10-15 所示。

图10-15　按"复制"按钮

STEP 8 控制面板屏幕中将显示复印的相关设置，

如图 10-16 所示，这里保持默认的设置。

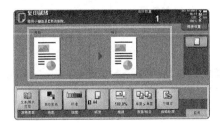

图10-16　复印设置

STEP 9 使用数字键盘指定份数，如图 10-17 所示。也可以通过滑动控制面板屏幕，触摸输入复印份数。

STEP 10 按"开始"按钮，如图 10-18 所示，原稿被扫描并开始复印。在出纸盒中即可看到复印的稿纸，完成复印操作。

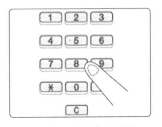

图10-17　输入复印份数　　图10-18　开始复印

10.3.2　保养复印机

　　复印机经过一段时间的使用后，难免会出现一些故障。为避免复印机出现故障影响使用，应定时对其进行保养、清洁。若复印品出现质量问题，一般是由复印机受到污染引起的，此时可采用以下3种方法对复印机的光学系统进行清洁。

- 用橡皮气球把光学元件（透镜和反射镜）表面的灰尘及墨粉吹去，也可用软毛刷（最好使用专用的镜头毛刷）轻轻将嵌在缝隙中的灰尘刷去。
- 用光学脱脂棉或镜头纸，轻轻擦拭光学元件表面。如果表面较脏则不能使用该方法，因为如有较大的硬颗粒灰尘留在光学元件表面，擦拭时反而会损伤光学元件。此时必须使用橡皮气球将灰尘完全拂去后才能擦拭。
- 光学元件表面如果有油污和手指印等污迹，可用光学脱脂棉蘸少量清洁液擦洗。

10.3.3　处理复印机的常见问题

　　用户在日常使用复印机的过程中，可能会遇到各种各样的问题。其中，碳粉不足和卡纸是最为常见的问题，可以通过简单的操作来进行处理，以快速解决问题，保证日常工作的正常开展。

1. 碳粉不足

当碳粉不足时应及时添加碳粉，以保证复印机正常工作。添加碳粉的具体操作如下。

STEP 1 打开前盖，如图 10-19 所示。然后将固定拨杆搬起，如图 10-20 所示。

图10-19 打开复印机前盖 　图10-20 搬起固定拨杆

STEP 2 推开拨杆，然后轻轻拉出碳粉瓶托架。向后压碳粉瓶，将瓶头抬起，然后取出碳粉瓶，如图 10-21 所示。

STEP 3 水平拿住新的碳粉瓶，摇动几次后去掉保护盖，如图 10-22 所示。

STEP 4 将碳粉瓶放到碳粉瓶架上，然后向前拉瓶头，如图 10-23 所示。

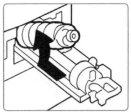

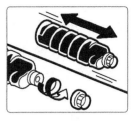

图10-21 取出碳粉瓶 　图10-22 去掉保护盖

STEP 5 按下固定拨杆，然后合上复印机前盖，如图 10-24 所示。

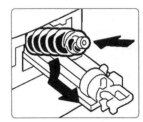

图10-23 放入碳粉瓶 　图10-24 按下固定拨杆

知识补充

碳粉的存放

碳粉在存放时要注意避开火源，避免阳光直射。废弃的碳粉瓶不能直接暴露在阳光下，否则有燃烧的危险。添加碳粉时要注意，碳粉不能重复使用，且应使用推荐的碳粉，以避免出现故障。

2. 卡纸

卡纸是复印机使用过程中常见的故障，发生卡纸时复印机将停止工作，同时"卡纸"指示灯闪烁。要处理卡纸问题，应先确定卡纸的位置。下面介绍卡纸的处理方法，具体操作如下。

STEP 1 打开前盖，如图 10-25 所示。取出硒鼓单元及墨粉盒组件，如图 10-26 所示。

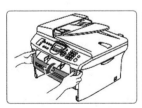
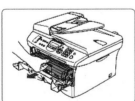

图10-25 打开前盖 　图10-26 取出组件

STEP 2 打开后盖，如图 10-27 所示。然后将滑块朝身体方向拉出，打开后部斜槽盖，如图 10-28 所示。

STEP 3 将卡纸从定影单元中抽出。如果不能轻松地抽出卡纸，则需先用一只手按下蓝色滑块，另一只手轻轻将卡纸抽出，如图 10-29 所示。

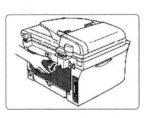

图10-27 打开后盖 　图10-28 拉出滑块

STEP 4 合上后盖，然后将硒鼓单元和墨粉盒组件装回设备中，如图 10-30 所示，最后合上前盖。

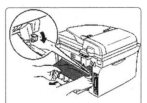
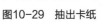
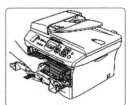

图10-29 抽出卡纸 　图10-30 将组件装回设备

10.4 投影仪

投影仪是用于放大显示图像的投影装置。它采用先进的数码图像处理技术，配合多种信号输入、输出接口，无论是计算机的RGB信号，还是DVD、VCD、录像机和展示台的视频信号，都能转换成高分辨率的图像投在大屏幕上，并具有高分辨率、高清晰度和高亮度等特点。随着数码技术的迅猛发展，投影仪作为一种高端的光学仪器，已被广泛应用于教学、移动办公、讲座演示和商务活动中。投影仪一般可分为两种，即便携式投影仪和吊装式投影仪，如图10-31和图10-32所示。

图10-31　便携式投影仪

图10-32　吊装式投影仪

10.4.1　安装投影仪

投影仪的投影方式有多种，主要有桌上正投、吊装正投、桌上背投和吊装背投4种，其中桌上正投和吊装正投是办公过程中使用较多的投影方式。不论使用哪种方式进行投影，都必须对投影的角度进行适当的调整。所以首先可将投影仪安装好，使其正对投影屏幕，再通过投影仪操作面板上的按键，调整投影角度和投影大小。

- **桌上正投：** 投影仪位于屏幕的正前方，是安置投影仪最常用的方式，安装快速并具移动性，如图10-33所示。
- **吊装正投：** 投影仪倒挂于屏幕正前方的天花板上，如图10-34所示。

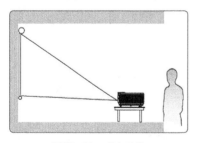

图10-33　桌上正投

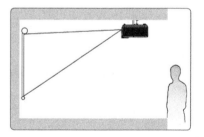

图10-34　吊装正投

- **桌上背投：** 投影仪位于屏幕的正后方，如图10-35所示。此安装方式需要一个专用的投影屏幕。
- **吊装背投：** 投影仪倒挂于屏幕正后方的天花板上，如图10-36所示。此安装方式需要一个专用的投影屏幕和投影仪天花板悬挂安装套件。

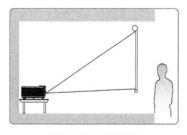

图10-35　桌上背投

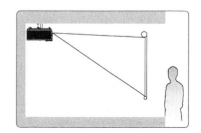

图10-36　吊装背投

10.4.2 使用投影仪

将投影仪连接到计算机上，即可将计算机中的画面投射到投影屏幕上。在使用时，可按照以下步骤进行投影仪的操作。

（1）开启投影仪。连接设备，当指示灯亮起时，表示投影仪进入待机状态，按开机键。

（2）调节投影仪位置。使投影仪与投影屏幕垂直（不能垂直时可稍微调整角度，最大10°），同时按投影仪操作面板上的调节键，调整投影仪高度，如图10-37所示。

（3）输入投影。切换连接的设备向投影仪输出信号，根据计算机类型的不同，可能需要按不同功能键（通常为【Fn】键或【F7】键）来切换计算机的输出，如图10-38所示。

图10-37 调节投影仪位置

图10-38 输入投影

（4）调整图像尺寸。在操作面板上按【Wide】键放大投影尺寸，按【Tele】键减小投影尺寸。在适当情况下，可将投影仪移至离投影屏幕更远的地方，进一步放大图像。

（5）调整焦距。当图像不太清晰时，可在操作界面上按自动调焦或变焦键调整焦距。

10.4.3 维护投影仪

投影仪属于精密仪器，在使用时应定期清洁，并更换损坏的组件。同时，还要注意以下几点。

● 未使用的投影仪，应将其反射镜盖上，遮住放映镜头；短期不使用的投影仪还应加盖防尘罩；长期不使用的投影仪应放入专用箱，以尽量减少灰尘。

● 切勿用手触摸放映镜和正面反射镜。若光学元件有污秽和尘埃，可用橡皮气球吹风除尘，或用镜头纸和脱脂棉擦拭。当螺纹透镜积垢较多时，只能拆下用清水冲洗，不得使用酒精等有机溶剂。

● 投影仪运作时，要保证散热窗口通风流畅，散热风扇不转时绝对不能使用投影仪。连续放映时间不宜过长（应不超过1h），否则箱体内的温度过高会烤裂新月透镜和螺纹透镜。另外，不可长时间待机，投影仪不用时应及时关闭电源。

● 溴钨灯的投影仪灯丝受热后若受到震动则容易损毁。当投影仪运作时，应尽可能减少搬运，勿剧烈震动。若要搬动则应先关机，待灯丝冷却后再搬运。

10.5 课堂案例：扫描并打印业务合同

本章介绍了常用办公设备的使用等知识，下面通过扫描并打印业务合同来帮助读者巩固所学知识。

10.5.1 案例目标

某公司谈成了一笔业务，合作公司要求该公司起草一份合同初稿，并将其扫描，以图片形式传送给他们，然后双方协商洽谈，修改、确定合同条款，最后将合同终稿打印出来，便于正式签订合同。本案例涉及使用扫描仪和打印机等办公设备的相关知识。

10.5.2 制作思路

本案例包括扫描合同和打印合同两部分，首先扫描合同文件，再通过网络将合同以图片的形式传送给对方，确认无误后，再打印合同。具体制作思路如图10-39所示。

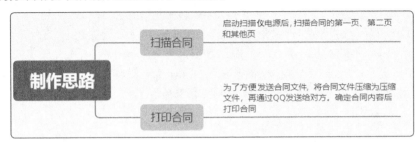

图10-39 制作思路

10.5.3 操作步骤

下面进行业务合同的扫描和打印，具体操作如下。

STEP 1 打开扫描仪的电源，打开盖板，将合同的第一页放在原稿台上（左下角对齐）。

STEP 2 放下盖板，执行扫描操作，开始扫描合同的第一页。

STEP 3 打开盖板，取出第一页合同，放入第二页，放下盖板，执行相同的操作，扫描合同的第二页。使用相同的方法，扫描合同的其他页，完成后取出合同的最后一页。

STEP 4 将所有图片压缩为一个压缩文件，通过QQ 将文件发送给对方。

STEP 5 确定合同内容后，打开编写合同的 Word文档，选择【文件】/【打印】命令，打开"打印"对话框，设置打印份数为"2"。

10.6 强化实训：双面复印身份证

双面复印证件（如身份证、驾驶证、房产证等）是日常生活和办公的常用操作，本实训通过复印机的双面复印功能来复印身份证。

双面复印可以完整地展示证件信息，能让需要复印件的一方完整地掌握证件信息。

【制作效果与思路】

完成本实训需要先将身份证放入复印机，然后进行双面复印设置，先复制一面，然后复印身份证的另外一面。具体制作思路如下。

（1）将身份证正面向下，放置在扫描玻璃上。

（2）按"身份证双面复印/选项"键，或者按"双面复印"键（有些复印机需要在控制面板中进行设置，通常为选择"多张合一"选项，并设置复印对象为"ID卡"或"身份证"）。

（3）按"确定"按钮或"复印"按钮，开始复印。

（4）复印完成一面后，控制面板会提示"请翻另一面"或者"再次复印"。

（5）将身份证翻面，按"确定"按钮或"复印"按钮，复印身份证的另外一面，完成双面复印操作。需要注意的是，扫描时请按紧扫描盖板，否则复印件中部可能会出现一道黑线。

第 3 部 分

10.7 知识拓展

本章介绍了办公设备的使用方法，下面介绍一些其他的相关知识，拓展本章内容的学习范围。

1. 移动办公设备的使用

常用的移动办公设备主要是指移动硬盘和U盘，如图10-40、图10-41所示。它们都是即插即用型硬件，不用安装驱动程序就能直接连接计算机使用。移动硬盘和U盘主要用于存储和传输文件，即将硬件中的文件传送到计算机中，或将计算机中的文件传送到硬件中。U盘具有体积小巧、外观别致、易于携带且支持热插拔的特点，在日常生活和工作中的使用频率较高；移动硬盘可看作大型的U盘，其存储空间更大。

图10-40　移动硬盘

图10-41　U盘

2. 通过软件启动扫描仪进行扫描

扫描仪除了可以像前文介绍的通过向导的方式进行文件扫描，还可通过软件进行扫描，如尚书七号软件、PS 软件等。通过尚书七号软件进行扫描的方法为：打开扫描仪的保护盖，放入需要扫描的图片或资料，有图像的一面朝下，合上保护盖，启动尚书七号软件，选择【文件】/【扫描】命令即可开始扫描，完成扫描后，在软件的窗口中将显示扫描图片。

10.8 课后练习

下面通过两个练习，对本章知识进行综合练习，提高读者对办公设备的使用能力。

练习 1 │ 添加打印机并打印文档

本练习要求添加网络打印机，并打印Word文档，操作要求如下。

（1）通过控制面板添加计算机网络中存在的打印机。

（2）在打印机纸盒中放入干净的纸张，打印Word文档。

练习 2 │ 连接投影仪放映演示文稿

本练习要求使用投影仪放映演示文稿，操作要求如下。

（1）用数据线连接投影仪和计算机，然后打开投影仪的电源。

（2）调节投影仪高度，将其正对投影屏幕（若没有屏幕，可以使用白色的墙壁，但是应避免墙壁周围有强的光源，以免影响投影图像的显示效果）。

（3）在PowerPoint 2016中打开演示文稿，按【F5】键进行放映。

第4部分

第 11 章

综合案例——制作产品营销策划方案

/ 本章导读

营销策划方案也叫营销策划书，是一份涵盖内容非常丰富的项目计划书，常以 Word 文档或 PowerPoint 演示文稿进行展示。本章通过制作产品营销策划方案，利用 Word、Excel、PowerPoint 文档制作软件，以及钉钉和腾讯微云等工具软件，帮助读者巩固所学知识。

/ 技能目标

巩固资料的搜索与整理方法。

巩固 Word、Excel、PowerPoint 的操作方法。

学会 Word、Excel、PowerPoint 的协同使用。

巩固办公软件设备的协同使用。

/ 案例展示

11.1 搜索并整理产品营销策划方案的资料

营销策划方案不仅是策划工作的书面表现形式,还是企业实施营销工作的"指南针",涉及人、财、物、制度等多种因素,具有全方位、多视角等特点。因此,我们在制作产品营销策划方案前应先搜集相关资料,做好资料的整理,以备后续制作营销策划方案。

11.1.1 搜索并下载产品资料

产品营销策划方案的资料主要来源于企业内部和企业外部。企业内部的资料主要是企业信息、品牌Logo、产品资料和图片等。企业外部的资料主要是与该产品营销策划方案相关的消费者信息、竞争者数据等,需要在制作方案前花一定的时间进行调查、分析。获取这些资料既可以通过实地调查,也可以通过网上搜索。下面以本案例的产品——"懒人用品"为关键字,通过百度搜索并下载产品资料,具体操作如下。

微课视频

STEP 1 打开百度首页,在搜索文本框中输入"懒人用品",按【Enter】键得到搜索结果,如图 11-1 所示。

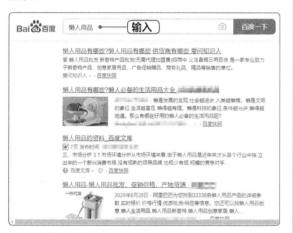

图11-1 搜索信息

STEP 2 浏览网页上的信息,搜集与"懒人用品"相关的资料,完成后单击搜索文本框下方的"图片"选项卡,在打开的页面中浏览图片,在需要的图片上单击鼠标右键,在弹出的快捷菜单中选择"图片另存为"命令,如图 11-2 所示。

STEP 3 在打开的对话框中设置图片的保存路径和名称,完成图片资料的下载。使用相同的方法,可在其他网站中搜索并下载产品资料,如阿里巴巴、淘宝网等产品网站。对搜集的资料进行整理,形成可以使用的文本和图片资料。图 11-3 所示为搜集并整理后的,与本案例相关的资料,可作为案例后续制作的基础材料。

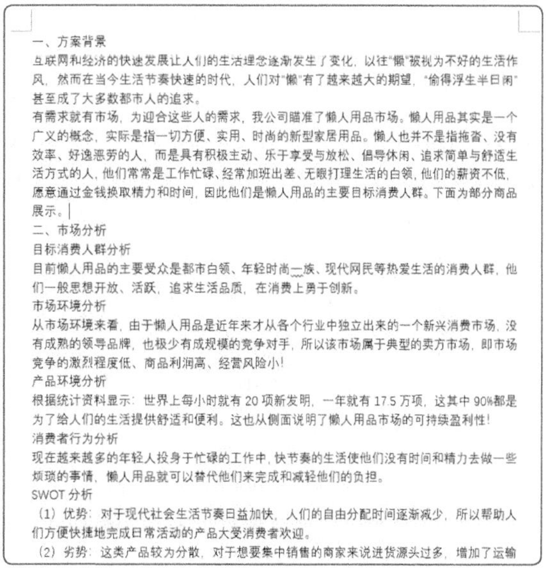

图11-2 下载资料

一、方案背景
互联网和经济的快速发展让人们的生活理念逐渐发生了变化,以往"懒"被视为不好的生活作风,然而在当今生活节奏快速的时代,人们对"懒"有了越来越大的期望,"偷得浮生半日闲"甚至成了大多数都市人的追求。
有需求就有市场,为迎合这些人的需求,我公司瞄准了懒人用品市场。懒人用品其实是一个广义的概念,实际是指一切方便、实用、时尚的新型家居用品。懒人也并不是指懒散、没有效率、好逸恶劳的人,而是具有积极主动、乐于享受与放松、倡导休闲、追求简单与舒适生活方式的人,他们常常是工作忙碌、经常加班出差、无暇打理生活的白领,他们的薪资不低,愿意通过金钱换取精力和时间,因此他们是懒人用品的主要目标消费人群。下面为部分商品展示。
二、市场分析
目标消费人群分析
目前懒人的主要受众是都市白领、年轻时尚一族、现代网民等热爱生活的消费人群,他们一般思想开放、活跃,追求生活品质,在消费上勇于创新。
市场环境分析
从市场环境来看,由于懒人用品是近年来才从各行业中独立出来的一个新兴消费市场,没有成熟的领导品牌,也极少有成规模的竞争对手,所以该市场属于典型的卖方市场,即市场竞争的激烈程度低、商品利润高、经营风险小!
产品分析
根据统计资料显示:世界上每小时就有 20 项新发明,一年就有 17.5 万项,这其中 90%都是为了给人们的生活提供舒适和便利,这也从侧面说明了懒人用品市场的可持续盈利性!
消费者行为分析
现在越来越多的年轻人投身于忙碌的工作中,快节奏的生活使他们没有时间和精力去做一些烦琐的事情,懒人用品就可以替代他们来完成和减轻他们的负担。
SWOT 分析
(1)优势:对于现代社会生活节奏日益加快,人们的自由分配时间逐渐减少,所以帮助人们方便快捷地完成日常活动的产品大受消费者欢迎。
(2)劣势:这类产品较为分散,对于想要集中销售的商家来说进货源头过多,增加了运输

图11-3 搜集与整理的文本和图片资料

图11-3　搜集与整理的文本和图片资料（续）

11.1.2 | 处理产品图片

　　搜集的文本资料和图片资料需要进行检查、处理，以符合制作需要。文本资料主要是检查有无错别字、逻辑是否不通等，图片资料则需要对其效果进行处理，下面将通过美图秀秀处理图片资料中的图片12.jpg~图片14.jpg，使其效果更美观，具体操作如下。

　素材所在位置　素材文件\第11章\产品展示\
　效果所在位置　效果文件\第11章\产品展示\

微课视频

STEP 1　启动美图秀秀并单击"美化图片"选项卡，在打开的界面中单击 □□□□ 按钮，在打开的对话框中选择"图片12.jpg"。返回美图秀秀中，单击界面左上角的 □□□□□ 按钮，在右侧"特效滤镜"窗格中选择"自然"选项，单击 □□ 按钮，如图11-4所示。

STEP 2　此时可看到图片色彩更美观，亮度、对比度比原来更和谐。保存图片，打开"图片13.jpg"，在"美化图片"选项卡界面中选择"图片增强"栏中的"增强"选项。

STEP 3　打开"增强"对话框，在"基础编辑"栏中设置亮度、对比度、饱和度、清晰度分别为"72、3、11、5"，在"调色"栏中拖曳"青→红"滑块，调整颜色效果，完成后单击 □□□□□ 按钮，如图11-5所示。

STEP 4　保存图片，打开"图片14.jpg"，使用STEP 1的方法为其应用一键美化操作中的"自然"滤镜，完成图片的处理。图11-6所示为处理后的效果。

图11-4 美化图片

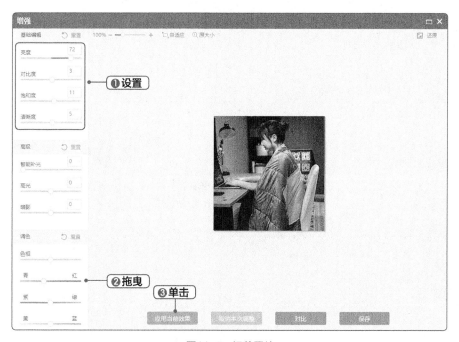

图11-5 调整图片

图11-6 处理后的效果

11.2 制作产品营销策划方案的内容

做好资料的搜集与整理后，就可以根据这些资料进行营销策划方案的内容制作。下面先通过Word 2016搭建产品营销策划方案的整体框架，再通过Excel 2016和PowerPoint 2016制作与之相关的其他资料，然后将它们添加到Word文档中丰富文档内容，最后添加封面和目录，参考效果如图11-7所示。

第4部分

图11-7　产品营销策划方案参考效果

11.2.1 │ 使用 Word 2016 搭建产品营销策划方案的框架

营销策划方案涉及的内容非常多，不仅需要在技术、产业化模式、项目管理因素等方面进行详细的阐述，还应当对营销过程的总费用、阶段费用、项目费用等进行估计，对营销过程中可能出现的问题进行预先估计并提出解决措施。下面将制作"懒人用品"产品策划方案的框架，主要包括"方案背景""市场分析""产品介绍""营销策略""费用预算""风险管理"6个部分，涉及Word文档的新建、保存，文本的编辑、格式设置、段落设置、编号设置，图片、表格等对象的添加，具体操作如下。

| **素材所在位置** | 素材文件\第11章\文本资料搜集.docx、促销策略\ |
| **效果所在位置** | 效果文件\第11章\产品策划方案.docx |

微课视频

STEP 1 新建一个空白 Word 文档，并以"产品策划方案"为名进行保存。打开搜集的"文本资料搜集.docx"文档，将其中所有文本内容复制、粘贴到"产品策划方案.docx"文档中。

STEP 2 将光标定位在"一、方案背景"后，在【开始】/【样式】组中的列表中选择"标题 1"选项，如图 11-8 所示。

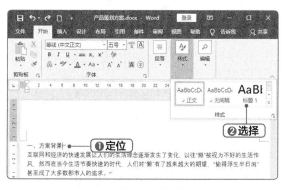

图11-8 选择"标题1"选项

STEP 3 在【开始】/【样式】组中的"标题 1"选项上单击鼠标右键，在弹出的快捷菜单中选择"修改"命令，如图 11-9 所示。

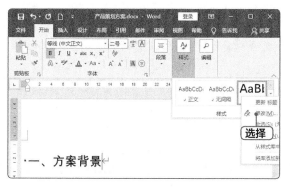

图11-9 选择"修改"命令

STEP 4 打开"修改样式"对话框，单击"居中"按钮 ≡，修改"标题 1"样式的对齐方式，如图 11-10 所示，完成后单击 确定 按钮。然后为"二、市场分析""三、产品介绍""四、营销策略""五、费用预算""六、风险管理"应用修改后的"标题 1"样式。

图11-10 修改标题对齐样式

STEP 5 选择"一、方案背景"后的两段文本，设置其字号为"小四"，然后在文本上单击鼠标右键，在弹出的快捷菜单中选择"段落"命令。

STEP 6 打开"段落"对话框，在"特殊"下拉列表中选择"首行"选项，在"缩进值"数值框中输入"2字符"，在"行距"下拉列表中选择"1.5 倍行距"，如图 11-11 所示，完成后单击 确定 按钮。

图11-11　设置段落格式

STEP 7　使用相同的方法，为其他正文文本设置相同的格式。将光标定位在"二、市场分析"下的文本"目标消费人群分析"后，为其应用【开始】/【样式】组中的"标题2"样式。打开"修改样式"对话框，单击对话框底部的 格式(O)▼ 按钮，在打开的下拉列表中选择"编号"选项，打开"编号和项目符号"对话框，选择第2个选项，单击 确定 按钮，如图11-12所示。

图11-12　修改标题编号样式

STEP 8　为"市场环境分析""产品环境分析""消费者行为分析""SWOT分析""产品策略""价格策略""促销策略""渠道策略""货源风险及管理""竞争风险及管理"段落文本应用修改后的"标题2"样式。

STEP 9　选择"6. 产品策略"中的编号"6"并单击鼠标右键，在弹出的快捷菜单中选择"重新开始于1"命令，如图11-13所示。使用相同的方法设置"货源风险及管理"的编号也从1开始。

STEP 10　将"三、产品介绍"后的3段文本格式设置为"加粗"，然后在"3. 促销策略"下的第一段文本末尾按【Enter】键，增加一行。绘制一个形状填充为"#F4E90C"，形状轮廓为"无轮廓"的矩形，

设置其环绕方式为"浮于文字上方"。

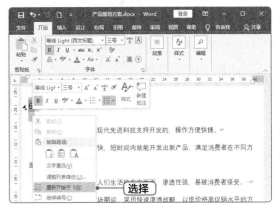

图11-13　选择"重新开始于1"命令

STEP 11　插入"促销策略"文件夹中的1.jpg～3.jpg图片，设置其环绕方式为"浮于文字上方"，调整图片大小并进行裁剪，再将其放在矩形上。选择矩形和图片，单击鼠标右键，在弹出的快捷菜单中选择【组合】/【组合】命令，如图11-14所示。

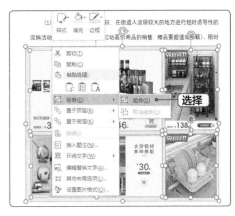

图11-14　编辑形状、图片

STEP 12　选择组合后的对象，按【Ctrl+X】组合键剪切，将光标定位到STEP 10新增的一行中，按【Ctrl+V】组合键粘贴，然后设置其环绕方式为"嵌入型"，让形状和图片嵌入文本。

STEP 13　在"（4）套餐营销"段落后新增一行，添加"促销策略"文件夹中的"4.jpg"图片，并设置其环绕方式为"嵌入型"。

STEP 14　在"（5）红包/积分制"段落后插入5行2列的表格，合并第一行，输入与下方"积分折扣表"文本对应的内容，设置表格对齐方式为"居中"，为其应用"表格网5深色-着色4"样式，效果如图11-15所示。完成后删除原本的文本内容。

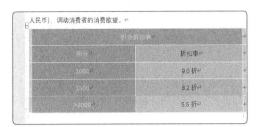

图11-15　积分折扣表

STEP 15 　使用相同的方法添加表格，输入与"会员折扣表"文本对应的内容，设置单元格格式并应用"表格网4-着色4"样式，效果如图 11-16 所示。完成后删除原本的文本内容。

图11-16　会员折扣表

STEP 16 　在"五、费用预算"下绘制一个正圆，设置其形状填充为"橙色"，轮廓填充为"无轮廓"。复制、粘贴该圆，适当放大，并修改其形状填充为"金色，个性色4，淡色40%"，并置于第一个正圆的下方显示。使用相同的方法，再复制两个正圆，放大正圆，分别设置其形状填充为"金色，个性色4，淡色

80%""金色，个性色4，淡色40%"，并依次置于其他圆的下方。然后在圆的左、右和下方绘制形状填充为"橙色"的三角形，效果如图 11-17 所示。

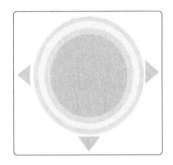

图11-17　绘制正圆和三角形

STEP 17 　绘制6个形状填充为"蓝色，个性色5"的"流程图：磁盘"形状，并分别放置在圆的两侧，然后插入文本框，输入文本，并将其组合在一起，效果如图 11-18 所示。完成后保存文档，完成文档的内容制作。

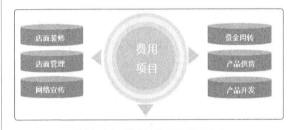

图11-18　绘制流程图并添加文本

11.2.2 | 使用 Excel 2016 制作并计算费用预算表

　　产品营销策划方案涉及费用预算等数据，下面通过Excel 2016制作费用预算表，参考效果如图11-19所示。

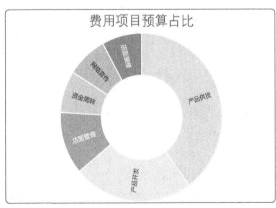

图11-19　费用预算表效果

效果所在位置 效果文件\第11章\费用预算表.xlsx

下面制作费用预算表涉及Excel 2016工作簿的新建与保存、数据的输入与编辑，以及图表的创建与美化等，具体操作如下。

STEP 1 启动 Excel 2016，新建一个空白工作簿并另存为"费用预算表.xlsx"。在单元格中输入费用预算表的具体数据，如图 11-20 所示。

图11-20 输入数据

STEP 2 合并居中 A1:F1 单元格，设置文本字号为"20"，拖曳鼠标调整行高和列宽，设置第 2 行单元格中的文本居中对齐并加粗，然后设置 B3:F8 单元格区域的数字格式为"货币"，小数位数为"1位"，效果如图 11-21 所示。

图11-21 设置数据格式

STEP 3 选择 A2:F8 单元格区域，在【开始】/【样式】组中单击"套用表格样式"按钮，在打开的下拉列表中选择"金色，表样式中等深线 12"选项，如图 11-22 所示，在打开的对话框中单击 确定 按钮，应用样式。

STEP 4 选择 F3:F8 单元格区域，输入公式"=SUM(B3:E3)"，按【Ctrl+Enter】组合键计算数据，效果如图 11-23 所示。

STEP 5 选择 A2:E8 单元格区域，在【插入】/【图表】组中单击"插入层次结构图表"按钮，在打开的下拉列表中选择"旭日图"选项，如图 11-24 所示。

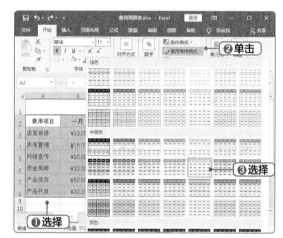

图11-22 应用表格样式

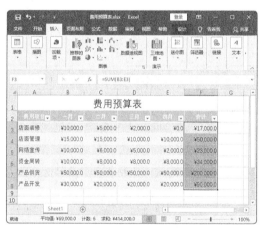

图11-23 计算表格数据

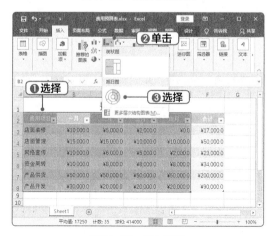

图11-24 插入图表

第4部分

STEP 6 插入图表，将图表移动到表格下方，拖曳鼠标调整其大小，然后修改图表标题文本为"费用项目预算占比"，设置字号为"20"。

STEP 7 选择图表，在【图表工具 设计】/【图表样式】组中单击"更改颜色"按钮，在打开的下拉列表中选择"单色调色板 4"选项，如图 11-25 所示。完成后保存工作簿，完成费用预算表的制作。

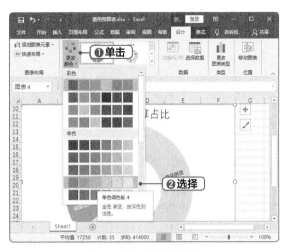

图11-25 设置图表颜色

11.2.3 使用 PowerPoint 2016 制作产品展示演示文稿

产品营销策划方案会涉及产品的展示，通过PowerPoint 2016可以制作出美观的产品展示演示文稿，提升产品营销策划方案的效果。产品展示演示文稿的参考效果如图11-26所示。

图11-26 PowerPoint演示文稿效果

素材所在位置 素材文件\第11章\产品展示\
效果所在位置 效果文件\第11章\产品展示.pptx

微课视频

下面通过PowerPoint 2016制作"产品展示"演示文稿，主要涉及演示文稿的新建与保存，母版幻灯片的编辑，幻灯片内容的编辑，幻灯片的新建和复制，以及切换效果和动画效果的添加、设置等，具体操作如下。

STEP 1 启动 PowerPoint 2016，新建一个空白演示文稿，并将其保存为"产品展示.pptx"。

STEP 2 在【视图】/【母版视图】组中单击"幻灯片母版"按钮，进入幻灯片母版编辑状态。在【幻灯片母版】/【背景】组中单击"背景样式"按钮，在打开的下拉列表中选择"设置背景格式"选项，如图 11-27 所示。

图11-27 选择"设置背景格式"选项

STEP 3 打开"设置背景格式"窗格，选中"纯色填充"单选项，在"颜色"栏中设置颜色为"#FCDF39"，单击 应用到全部(L) 按钮，如图 11-28 所示。

图11-28 设置填充颜色

STEP 4 在【幻灯片母版】/【背景】组中单击"字体"按钮，在打开的下拉列表中选择"自定义字体"选项，打开"新建主题字体"对话框，在"西文"栏和"中文"栏中分别设置标题字体为"思源黑体 CN Bold"，正文字体为"思源黑体 CN Light"，在"名

称"文本框中输入"思源黑体"，单击 保存(S) 按钮，如图 11-29 所示。

STEP 5 在【幻灯片母版】/【关闭】组中单击"关闭母版视图"按钮，退出幻灯片母版编辑状态。

图11-29 自定义主题字体

STEP 6 在【插入】/【插图】组中单击"形状"按钮，在打开的下拉列表中选择"矩形"选项，拖曳鼠标在幻灯片编辑区左侧绘制一个矩形，设置其形状填充为"白色，背景 1"，形状轮廓为"无轮廓"，效果如图 11-30 所示。

图11-30 绘制矩形的效果

STEP 7 使用相同的方法绘制一个与矩形等高的椭圆，拖曳椭圆到矩形上，使其圆心与矩形右边线中点重合，然后选择矩形与椭圆形状，在【绘图工具 格式】/【插入形状】组中单击"合并形状"按钮，在打开

的下拉列表中选择"结合"选项，如图 11-31 所示。

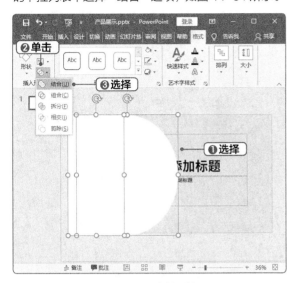

图11-31　合并形状

STEP 8　选择合并后的形状，单击鼠标右键，在弹出的快捷菜单中选择"设置形状格式"命令，打开"设置形状格式"窗格，在"透明度"数值框中输入"25%"，如图 11-32 所示。

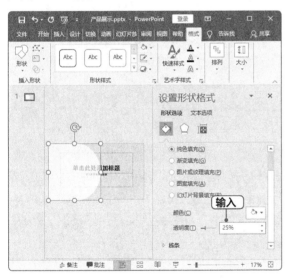

图11-32　设置形状透明度

STEP 9　在形状上单击鼠标右键，在弹出的快捷菜单中选择"置于底层"命令，将其置于文本框后面。复制并粘贴该形状，将鼠标放在形状右侧中间的控制点上，向左拖曳鼠标调整其宽度，设置其形状填充为"#FCDF39"，设置透明度为"0%"，效果如图 11-33 所示。

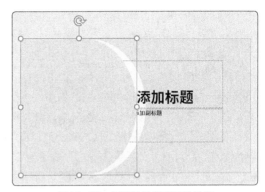

图11-33　复制并设置形状的效果

STEP 10　在该形状上单击鼠标右键，在弹出的快捷菜单中选择【置于底层】/【下移一层】命令，如图 11-34 所示。再次执行该命令，使形状位于文本框之后。

图11-34　设置形状排列方式

STEP 11　绘制一个形状填充为"白色，背景 1"，形状轮廓为"无轮廓"的矩形，将其置于文本框之后，打开"设置形状格式"窗格，在"阴影"栏中设置图 11-35 所示的参数。

图11-35　绘制矩形并设置阴影

STEP 12 关闭"设置形状格式"窗格，在标题文本框中输入"懒人用品产品展示"，设置颜色为"黑色，文字 1，淡色 15%"，字号为"72"，对齐方式为"分散对齐"，调整文本框位置和大小。

STEP 13 在副标题文本框中输入"产品部"，设置文本颜色为"白色，背景 1"，设置文本框形状填充为"#FCDF39"，打开"设置形状格式"窗格，单击"大小与属性"选项卡，在"文本框"栏的"垂直对齐方式"下拉列表中选择"中部对齐"选项，如图 11-36 所示。

图11-36 设置文本框格式

STEP 14 插入"产品展示"文件夹中的"图片 1.jpg"，将其置于底层，效果如图 11-37 所示。

图11-37 幻灯片效果

STEP 15 在【开始】/【幻灯片】组中单击"新建幻灯片"按钮下方的下拉按钮，在打开的下拉列表中选择"空白"选项，如图 11-38 所示。

图11-38 新建幻灯片

STEP 16 插入"图片 2.jpg"图片，调整其大小并放置在右上侧，添加文本框并输入文本，设置文本格式并添加项目符号，效果如图 11-39 所示。

图11-39 第2张幻灯片效果

STEP 17 选择第 2 张幻灯片，按【Enter】键新建第 3 张幻灯片，再次添加"图片 1.jpg"图片作为背景，然后绘制形状、线条并输入文本、插入图片，效果如图 11-40 所示。

图11-40 第3张幻灯片效果

第 4 部分

STEP 18 使用相同的方法，通过新建或复制幻灯片的方式新建幻灯片，为幻灯片添加图片、文本和形状等，效果如图 11-41 所示。

STEP 19 选择第 1 张幻灯片，在【切换】/【切换到此幻灯片】组中的列表中选择"随机"选项，在【切换】/【计时】组中取消选中"单击鼠标时"复选框，选中"设置自动换片时间"复选框，在其后的数值框中输入"00:03.00"，然后单击 应用到全部 按钮，效果如图 11-42 所示。

STEP 20 选择第 1 张幻灯片中的文本框，为其添加"飞入"动画效果，然后在【动画】/【计时】组中设置"开始"为"上一动画之后"，效果如图 11-43所示。

STEP 21 选择应用了动画的文本框，在【动画】/【高级动画】组中双击 动画刷 按钮，切换到其他幻灯片中，依次单击其他幻灯片中的对象，为其快速应用相同的动画效果。完成后保存演示文稿，完成"产品展示"演示文稿的制作。

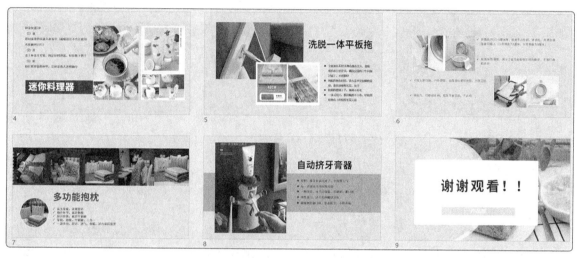

图11-41 其他幻灯片的效果

图11-42 添加切换效果

图11-43 添加动画效果

11.2.4 将 Excel 和 PowerPoint 的内容添加到 Word 文档中

制作好表格和演示文稿后，还需将对应的内容添加到Word文档中，完善产品营销策划方案的内容，具体操作如下。

微课视频

STEP 1 将光标定位在"产品策划方案.docx"文档中"一、方案背景"下方第 2 段文本的最末，按【Enter】键添加一个段落，在【插入】/【文本】组中单击"对象"按钮▭。打开"对象"对话框，单击"由文件创建"选项卡，单击 浏览(B) 按钮，在打开的对话框中选择"产品展示.pptx"演示文稿，单击 插入(S) 按钮返回"对象"对话框，选中"链接到文件"复选框，单击 确定 按钮，如图 11-44 所示。

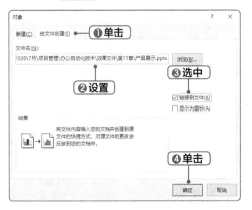

图11-44 链接PowerPoint演示文稿

STEP 2 Word 文档中将插入演示文稿，并显示第

1 张幻灯片的图片效果。选择图片，调整其大小，取消段落首行缩进。

STEP 3 打开"费用预算表.xlsx"工作簿，选择A1:F8 单元格区域，按【Ctrl+C】组合键复制，切换到"产品策划方案.docx"文档，将光标定位在"五、费用预算"中的图形对象下方，单击【开始】/【剪贴板】组中的"粘贴"按钮▭下方的下拉按钮，在打开的下拉列表中选择"链接与保留源格式"选项，如图 11-45 所示。

STEP 4 使用相同的方法，将工作簿中的其他图表也复制到 Word 文档中，完成内容的添加与完善。

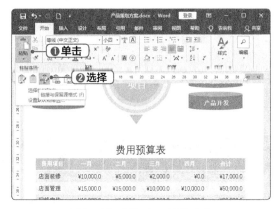

图11-45 添加Excel表格内容

11.2.5 | 在 Word 文档中制作目录和封面

完成基本内容的制作后，最后还需要制作目录和封面。下面在文档中先添加页码，再添加封面，最后设置目录，具体操作如下。

效果所在位置 效果文件\第11章\产品策划方案.docx

微课视频

STEP 1 在【插入】/【页眉和页脚】组中单击"页脚"按钮▭，在打开的下拉列表中选择"编辑页脚"选项，进入页脚编辑状态。在【页眉和页脚工具 设计】/【页眉和页脚】组中单击"页码"按钮▭，在打开的下拉列表中选择【页面底端】/【普通数字 2】选项，如图 11-46 所示。

STEP 2 设置页码的字号为"小四"，退出页脚编辑状态后在【插入】/【页面】组中单击"封面"按钮▭，在打开的下拉列表中选择"母版型"选项，Word 文档将自动添加封面，选择封面图形，修改其形状填充为"金色，个性色 4，淡色 40%"，然后在文本框中输入对应的文本。

图11-46 添加页码

STEP 3 在封面后插入一个分节符,在【引用】/【目录】组中单击"目录"按钮📄,在打开的下拉列表中选择"自动目录 1"选项,为文档添加目录,最后设置目录的文本格式,使"目录"居中对齐,设置所有目录文本字号为"四号",最后再更新目录页码,效果如图 11-47 所示。

图11-47 封面和目录效果

11.3 发送与审核产品营销策划方案

在工作中,用户制作好产品营销策划方案后,还需进行发送与审核操作,让部门相关人员发表意见,以提升产品营销策划方案的质量。

11.3.1 邀请办公人员开展视频会议

微课视频

产品营销策划方案制作完成后可以通过钉钉邀请办公人员开展视频会议,相关人员可以就该方案的结构、内容等发表意见,具体操作如下。

STEP 1 登录钉钉,进入"工作台"界面,点击"协同效率"栏下"视频会议"按钮🔵,如图 11-48 所示。

图11-48 "工作台"界面

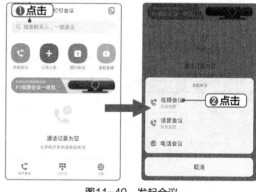

图11-49 发起会议

STEP 2 打开"钉钉会议"界面,点击"发起会议"按钮🔵,在打开的下拉列表中点击"视频会议"选项,如图 11-49 所示。

STEP 3 打开"××发起的视频会议"界面,选中"通用模式"单选项,点击 开始会议 按钮即可开始会议,如图 11-50 所示。

图11-50 开始会议

11.3.2 分享"产品策划方案"文档

通过视频会议的畅所欲言，用户可根据实际需要对产品营销策划方案进行编辑，编辑完成后用户可通过QQ发送文档，并通过腾讯微云分享文档，具体操作如下。

STEP 1 启动并登录 QQ，通过 QQ 将"产品策划方案 .docx"文档发送到手机 QQ 中，然后在手机 QQ 中打开该文档，点击文档界面右上角的 按钮，在打开的界面中点击"微云"选项，如图 11-51 所示。

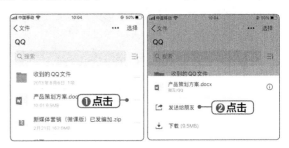

图11-52 发送文档

图11-51 将文档存到微云

STEP 3 在打开的界面中选择分享方式，此外点击"微信"按钮 ，如图 11-53 所示。此时将跳转至微信的"发送给"界面，在其中选择要分享的好友即可。

STEP 2 文档成功被添加到腾讯微云中，登录腾讯微云，点击界面下方的"文件"按钮 ，在打开的界面中即可看到该文档。然后点击文档右侧的 按钮，在打开的界面中点击"发送给朋友"选项，如图 11-52 所示。

图11-53 分享文档

11.4 打印与输出产品营销策划方案

发送与审核产品营销策划方案后，还需要将其制作成便于其他用户查看的形式，如将其打印为纸质文件，导出为PDF文档等，具体操作如下。

STEP 1 打开"产品营销策划方案 .docx"文档，选择【文件】/【打印】命令，打开"打印"界面，在"份数"数值框中输入打印的

份数，这里输入"2"，在"打印机"下拉列表中选择可使用的打印机，在"设置"栏中设置打印参数为"整个文档、单面打印"，单击"打印"按钮 进行打印，如图 11-54 所示。

STEP 2 打印完成后选择【文件】/【导出】命令，打开"导出"界面，选择"创建 PDF/XPS 文档"选项，单击"创建 PDF/XPS"按钮 ，如图 11-55 所示。

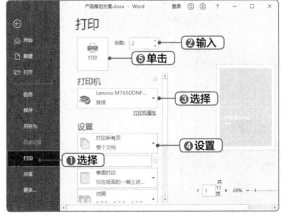

图11-54 打印文件

STEP 3 打开"发布为 PDF 或 XPS"对话框，设置文件的保存路径和名称，在"保存类型"下拉列表中选择"PDF（*.pdf）"选项，单击 发布(S) 按钮将文档导出为 PDF 格式。

STEP 4 使用相同的方法，打印 2 份"产品展示 .pptx"演示文稿，并导出为 PDF 格式。

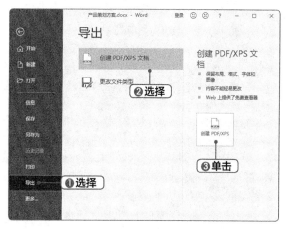

图11-55　导出为PDF

第4部分

第 12 章

项目实训

/ 本章导读

为帮助读者提高工作能力，提升职业综合素质，本章精心挑选了 5 个综合实训，分别围绕"Word 文档制作""Excel 表格制作""PowerPoint 演示文稿制作""微信公众号营销文章制作""办公协同管理"这 5 个方面进行综合实训。

/ 技能目标

全面掌握使用 Word 2016、Excel 2016、PowerPoint 2016 制作文档的方法。

掌握使用新媒体工具制作微信公众号营销文章的方法。

掌握协同办公的方法。

/ 案例展示

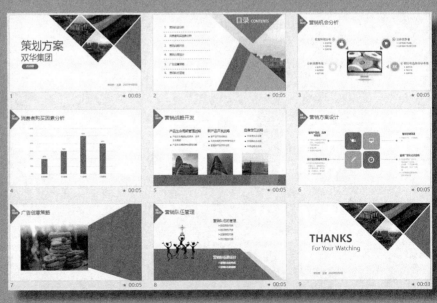

实训 1 | 制作"市场调查报告"文档

【实训目的】

通过实训掌握 Word 文档的创建、编辑、美化、排版，具体要求与实训目的如下。

● 灵活运用汉字输入法的特点进行文本的输入与修改操作。

● 熟练掌握文本的复制、移动、删除、插入、改写、查找、替换操作。

● 熟练掌握通过工具栏和对话框对文本与段落进行设置的方法，了解不同类型文档的规范化格式，如公文类文档的一般格式要求，长文档的段落格式设置等。

● 熟练掌握页脚、页码的编辑方法，并掌握页面设置与打印输出的方法。

【实训思路】

（1）启动 Word 2016，新建空白文档，并保存为"市场调查报告 .docx"，然后输入文本，执行文本的移动、复制、删除、查找与替换等操作。

（2）为标题文本应用样式，修改样式的格式，然后设置正文文本的字体、字号、段落缩进和行间距，并添加编号。

（3）添加页码、封面和目录，然后对文档进行打印，最后保存文档。

【实训参考效果】

本次实训的参考效果如图 12-1 所示。

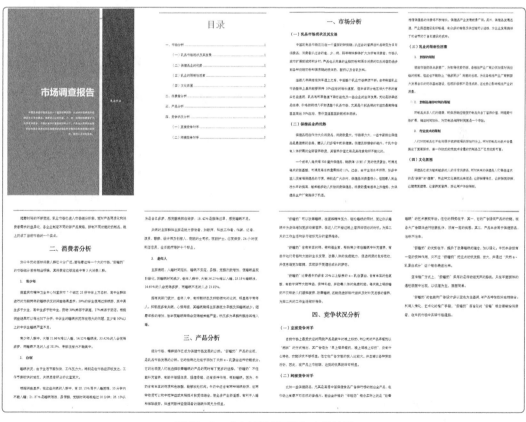

图 12-1 "市场调查报告"文档效果

效果所在位置　效果文件 \ 第 12 章 \ 市场调查报告 .docx

微课视频

实训 2 ┃ 制作"受访者数据分析"表格

【实训目的】

通过实训掌握 Excel 电子表格的制作方法，具体要求及实训目的如下。

● 掌握 Excel 工作簿的新建、保存，以及表格数据的输入、格式设置，公式的使用等操作。

● 掌握运用不同的方法对工作表行、列、单元格格式进行设置，以及设置表格边框线与底纹的方法。

● 掌握对表格中的部分数据创建图表的方法，以及对图表格式进行设置的方法。

【实训思路】

（1）启动 Excel 2010，新建空白工作簿并将其命名为"受访者数据分析 .xlsx"，参考"受访者数据说明 .docx"文档，在工作簿中新建工作表、重命名工作表名称并输入数据，设置数据的显示格式。

（2）设置表格内容的字体、字号、对齐格式，然后使用不同的方法对表格的边框、单元格列宽进行设置。

（3）使用公式计算数据，通过条件格式设置数据显示效果。

（4）为每个表格插入图表，设置图表的样式与显示效果。

【实训参考效果】

本次实训的效果如图 12-2 所示。

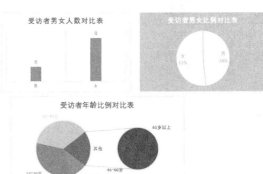

图 12-2 　"受访者数据分析"表格效果

素材所在位置　效果文件 \ 第 12 章 \ 受访者数据说明 .docx
效果所在位置　效果文件 \ 第 12 章 \ 受访者数据分析 .xlsx

微课视频

实训 3 │ 制作"策划方案"演示文稿

【实训目的】

通过实训掌握 PowerPoint 演示文稿的制作方法，具体要求及实训目的如下。

● 掌握 PowerPoint 演示文稿的新建、保存，以及母版的设置等操作。
● 掌握幻灯的新建、复制、移动等操作，以及文本的输入、图片的添加、形状的绘制与编辑等操作。
● 掌握切换效果与动画效果的添加与编辑等操作。

【实训思路】

（1）启动 PowerPoint 2016，新建空白演示文稿并保存为"策划方案 .pptx"，进入母版幻灯片视图，删除不需要的母版幻灯片，编辑需要的母版幻灯片样式。

（2）切换到幻灯片编辑区，添加并编辑幻灯片，包括设置背景格式、添加图片、绘制形状、输入文本并设置文本格式等。

（3）为每张幻灯片添加切换效果，并设置为自动切换。为幻灯片中的对象添加动画效果，然后为第 2 张幻灯片中的文本框添加超链接。

（4）最后放映并打包演示文稿。

【实训参考效果】

本次实训的参考效果如图 12-3 所示。

图 12-3 "策划方案"演示文稿效果

素材所在位置 效果文件 \ 第 12 章 \ 策划方案 \
效果所在位置 效果文件 \ 第 12 章 \ 策划方案 .pptx

微课视频

第 **12** 章 项目实训

实训 4 | 制作微信公众号营销单页

【实训目的】

通过实训掌握新媒体编辑工具——135 编辑器的使用方法，具体要求及实训目的如下。

● 掌握挑选模板的方法。
● 掌握修改模板内容的方法。

【实训思路】

（1）登录 135 编辑器官网，在"样式"中设置选择"图文"类型，挑选适合制作单页效果的模板。

（2）选好模板后应用模板，修改模板中的文本内容，替换图片，完成后导出为图片。

【实训参考效果】

本次实训的参考效果如图 12-4 所示。

图 12-4 营销单页

 素材所在位置 素材文件＼第 12 章＼家居用品＼
效果所在位置 效果文件＼第 12 章＼营销单页 .png

微课视频

第 4 部分

实训 5 | 办公协同管理

【实训目的】

通过实训掌握办公软件的使用方法，具体要求及实训目的如下。

● 掌握 WinRAR 压缩软件的使用方法。
● 掌握腾讯 QQ、钉钉、腾讯微云的使用方法。

【实训思路】

（1）将前面 3 个实训制作的效果文件压缩在一起，通过腾讯 QQ 传送给他人。

（2）通过腾讯 QQ 发起远程协助，请小组成员查看第 4 个实训的效果文件。

（3）通过钉钉发起协同会议，邀请部门所有人员就以上文档发表看法。

（4）针对会议讨论结果修改文档效果，完成后通过腾讯微云上传，并分享给部门中的其他同事。